Contract Management for Construction Projects

專案工程契約管理

五南圖書出版公司 印行

王伯儉 著
Po-Chien Wang

李 序

　　伯儉又寫新書了，數起來應該是他在公共工程法務領域的第四本專著；這次的主題是《專案工程契約管理》。

　　如果前面的三本著作，比較偏重於工程糾紛的解決與契約爭議問題的解釋與處理；這本書的著眼則是有系統地、周延地、並且深入淺出地，審視、介紹、探討工程契約管理面各種當為措施，以求得如期如質地完成約定工程，避免發生法律風險。如果前三本書的思考重點，是在契約發生糾紛時應如何解決糾紛；這本書就是在強調藉著事前訂立及履約契約的過程中所養成的正確觀念與習慣，所採取的正確基本動作，預防法律風險的發生。

　　實施任何一項專案工程，除了勞動人力與財務支持之外，主要是靠科學技術與專業知識，核心因素則是工程管理。工程管理同樣需要本於科學的精神為之。工程契約，則是發包工程的業主方與為工程施作的承包方，以伙伴關係共事的相互承諾與約定，也是雙方據以執行工程合作關係的終極基礎。工程管理中絕對不可缺少的關注，就是工程契約的管理工作。工程契約管理的方法，包括專業技術面的基本原則，還包括工作倫理面的規範要求。掌握了契約管理的倫理

規範與基本原則並加以身體力行，才能確保工程管理不致走上歧途。

工程契約管理，從流程上看，應該包括簽約前的招標、議約，與簽約後的執行，乃至於解決爭端；因為契約是施行工程的最終根據，當然應該在簽約之前，深思熟慮地訂立一份合法、公平、完整、周延而能夠在最大的程度上控制甚至有效避免法律乃至財務風險的契約，簽約之前不能對之視若無物，不當回事，也不能任意找個版本照抄，更不能不問內容是否可行，囫圇吞棗，先簽約了事，將工程拿到手再說；簽約之後施行工程時，亦不能將契約拋諸腦後，束之高閣，既忽略了己方應該遵守的規範，也忘記了對方應該遵循的義務，等到有爭端出現或遭追究責任的時候，才發現早已與契約的規定相去甚遠，負擔鉅額的賠償責任，甚至招來刑事處罰，追悔莫及。契約管理也涉及契約人事管理，參與訂立契約，當然應該要有懂得工程、技術、財務的人員，也應該要有懂得法律的專業人士；到了履約階段，更該有工程契約執行的專責人員（contract officer），對應於工程進度熟知契約內容，確定契約得到雙方的遵循（compliance）。當然擔任契約專責人員之人，如果曾經親身參與契約談判，瞭解契約文件所以如此的來龍去脈，就最理想不過了。

從締結契約的主體說，工程契約管理對於業主方與承包方同樣重要，但是由於履約的位置有異，為契約管理的方法

與重點未必全然相同，各有所應強調之處，例如同樣是有品質的追求與財務考量的取捨，業主不能只基於履約保證金與工程尾款握在手裡而予取予求，承包方也不能先求搶標簽約之後，再企圖用停工怠工做為調整時程與價格的手段。這類行為出現時，都不是工程契約管理的正確態度，也不是適當的方法，只會註定形成工程進度的拖延與專案工程的傷害，為智者所不取。而雙方如何在工程進行中建立有如合夥同伴（partnering）的關係，尤關工程品質的良窳，極其重要。

以上所述，伯儉的新書一一加以涵蓋，而且從事深入的分析，有許多實踐上的智慧與金玉良言，同時可供業主方與承包方體會參考，值得納入實際的工程作業，身體力行，從而提升工程效益，創造雙贏的價值。

在臺灣，可能沒有人比伯儉更有資格寫這本書了。伯儉從事工程契約管理工作近三十年。從榮工處的法務主管到中鼎公司的集團法務長，參與國際性與國內的重大公共工程無數，工程契約管理的實踐經驗豐富；又應邀在國立中央大學營建管理研究所任教，講授專案工程契約管理課程有年，工程契約法律理論涵養深厚；他也經常擔任公共工程仲裁案件的仲裁人，約二十年間辦案經驗閱歷之豐富，還有公正持平、不事偏袒的專業態度，都可說是少有其匹。伯儉本著為公共工程解決問題而非製造問題的專業精神寫成此書，正可以為他長期在臺灣的公共工程領域孜孜奉獻，成為專業標竿

的身影，做出見證。

　　在母校東吳大學畢業後，我有幸有很多機會、在不同場合與他共事，長期觀察我這位四十年前的同窗老友，在公共工程法務從事專業耕耘，發光發熱；公餘之暇，還能長年筆耕不輟，數十年間不改其志，真是令人欽敬。他的新作付梓，依例囑我寫序，我有感於他的專業精神始終如一，當然樂於本於所知，向讀者推介這本極具專案工程實用價值的好書，是為序。

李念祖

理律法律事務所

2015年6月

謝 序

　　契約之所以存在，是因爲談判的雙方認知到，達到某種程度的合作，比起沒有共識，能帶來更多的利益。因此，契約是一種相互創利的商業工具，爲現代經濟環境中最重要的發明之一。然而，契約存在於工程領域，卻逐漸演化成爲複雜、動態、鬥智或相互制肘的必要之惡，這顯示出履行工程契約，若不能妥善做好契約管理，往往未蒙相互創利之益，反而先受契約爭議之害。

　　成功的契約管理，有賴契約雙方從橫向的界面（例如平行廠商及分包商）針對品質、時程、成本、風險等面向達成專案目標，以及縱向的企業流程、人事制度、部門間分工等面向達成企業營運目標。

　　然而，無論是橫向或縱向之目標達成，其關鍵仍在於對工程契約的熟悉瞭解與妥適運用。如能按契約所定期程及時序訂定逐項檢討管制事項，並於履約過程本於誠信確實保全證據、並依約主張權利，則距離相互創利之願景即不遠矣。

　　進一步言之，爲落實契約管理，承包商更應著眼於投標前對採購法令的瞭解，並能詳讀招標文件、審愼投標，遇有疑義，及時請求釋疑或提出異議以爭取公平合理的對待，此

為避免得標後產生履約之必要作為。一旦進入履約階段，契約管理即是組織內團隊運作系統的一部分，由契約起始辦理開工申請到完成驗收用印結案等過程，都必須依據契約中所訂立的精神行之。必須注意的是，雖然契約是由兩個組織所訂立，但實際執行契約管理事務的，仍舊是組織內的成員。只要是人與人之間的互動，就不能忽略人際溝通的原則，例如誠信、禮貌、傾聽與化解衝突等要素。

　　本書針對工程契約管理進行廣泛卻又深入的闡述，對於契約管理系統之重要元素分別進行清楚的描述與討論。由於工程的複雜性日益增加，工程團隊的整體合作更形重要，而工程契約既然是雙方所訂定的遊戲規則，則在履約過程中，透過契約管理的妥善運行，應以避免工程糾紛為首要任務，其次則是在於如何在發生契約爭議時，能本於契約精神，維護雙方權益，使得契約真正發揮創利的功能，以追求經濟效率最大化的目標。

　　伯儉兄原係修習法律專業，於美國完成法律碩士學國後，即進入當時國內最具規模的「榮工處」服務。舉凡榮工處所有涉外的法律問題，皆由其領軍負責協調、解決。近三十年工程實務的歷練，使得伯儉兄能站在最前瞻的角度，將工程與法律融會貫通為一門顯學，並著書將其心得與工程界、法律界分享。這也應該是國內第一本專注於工程爭議的著作。伯儉兄於工程爭議的實務參與還擴展至工程仲裁、工

程調解等領域，是國內最具經驗之仲裁人之一，其謙和、理性與公正之專業態度，是本人翹望學習的實例教材。

　　數年前，本人擔任中央大學營建管理研究所所長期間，特別禮聘伯儉兄至本所擔任兼任教職，盼其工程法律之專業能傳授予本所同學。他所開設之課程立即成為本所同學最為期待與歡迎的必選科目。伯儉兄非但學識淵博，其講學能力更是魅力十足，本所有幸能有他加入教學研究團隊，誠屬驚艷！

　　伯儉教授累積數十年的契約管理功力，再次將其經驗彙集成書，以饗後學，將工程爭議課題朝向契約管理之上游課題整合，令人感佩。本人殷切的期待，此書之問世，將對國內工程界產生啓迪於喑啞的效果，更期待國內工程契約之發展，能因本書而更導向公平合理之境界。

謝定亞
於中央大學營建管理研究所
2015年5月

二版序

　　感謝讀者們的支持，使本書初版二刷在短時間內即已售罄，出版社編輯問我是否有新的內容；是否要改版。其實本書初版後，筆者又陸續整理了許多契約管理的資料，但因工作繁忙，除在課堂上和同學們切磋研究外，尚無法靜下心來將其一一撰寫付梓，去（2019）年3月退休後，才有時間再寫了一些文章，如「國際工程契約的做法」、「從業主之角度談次承包商的契約管理」，「專案工程日常契約管理之工作」、「分包管理」、「停工管理」等，作為本書再版之附錄，供讀者參考指正。

王伯儉

2020年元月

自序

　　筆者服務於工程界三十餘年，因工作職務之關係，一直從事於工程法務之工作，而在工作中常感覺國內工程界大都不重視工程契約管理之工作，而國內大學教育中又無英系國家有專門培育契約管理工程師或計量工程師（Quantity Surveyor）之課程及科系，使得國內工程業者在從事涉外國際工程時往往會遭遇到許多風險及困難，以致在契約履行過程中吃了大虧，故亦往往需耗資聘請外籍之契約管理工程師協助，造成成本之增加。

　　有鑑於此，筆者在工作之餘即致力搜尋及學習有關契約管理之知識及資料，而在2009年承蒙當時擔任國立中央大學營建管理研究所所長之謝定亞教授之邀約，請筆者擔任在職專班「專案工程契約管理」課程之教席，幾年下來，教學相長，筆者所蒐集之資料亦日益增加。因筆者目前服務之中鼎工程股份有限公司是國內唯一在國際工程市場上能與外國廠商相互競爭之EPC統包工程服務團隊，而中鼎公司在許多前輩之努力及目前余俊彥董事長，林俊華副董事長高瞻遠矚之領導下，除工程技術及管理技術外，對工程法務及契約管理的工作亦十分重視，早在多年內即已建立法務部門及契約

管理部門，並指派專人負責此項業務。多年下來，中鼎公司業已發展出一套契約管理之工作程序，故可以說在契約管理方面，中鼎公司係在國內工程業界扮演著先鋒及領頭羊的角色。

　　而在2014年筆者又有幸被公司高層指派負責管理「契約管理部門」之工作，更讓筆者有機會深入參與契約管理之實際工作，使得理論更可與實務相互結合印證。

　　筆者認為，國內工程業界如要邁向國際市場，除要有具國際觀之工程師外，相關契約管理、財務，稅務之人才亦須培養。而近年來，許多較大型之工程公司亦都在其組織內設立了相關法務或法務及契約管理部門，顯見業界亦認為此法務及契約管理日益重要。唯國內坊間有關契約管理知識之相關書籍甚少，故筆者願拋磚引玉，野人獻曝將個人對契約管理之一些體認及經驗，對讀者做一介紹，希望能引發業界對契約管理此一課題及工作之重視。

　　感謝大學同窗好友李念祖大律師百忙之中再次為本書作序，也感謝他對本書之寶貴意見，更感謝他多年來的情義相挺，不論在工作上或為人處事方面，他都是良師益友。

　　感謝謝定亞教授在本書內容上針對專案管理之觀念給予我的指導及意見，也感謝他為本書作序。更感謝他引領我進入專案工程管理及契約管理之學術領域，才能促使本書的完成。

　　感謝好友陳希佳律師對本書初稿的寶貴意見及提供的資料。感謝在本書出版過程中協助我的朋友同仁及平日在課堂上提出問題，促使我一次一次再去深入研究不同問題的可愛同學們。

王伯儉

2015年5月

目錄 | CONTENTS

第一章 ｜ 專案工程契約管理 之意義

　　在討論「契約管理」前，一定要先對「專案工程管理」之內涵有所瞭解，而在專案工程管理之項目中，其和契約管理關係如何，亦有加以闡述之必要。

　　根據「A Guide to the Project Management Body of Knowledge（PMBOK Guide）」一書中，其對專案工程管理之說法為：[1]

　　「Project management is the application of knowledge, skills, tools, and techniques to project activities to meet the project requirements. Project management is accomplished through the appropriate application and integration of the 42 logically grouped project management process comprising the 5 Process Groups. These 5 Process Groups are:

- Initiating,
- Planning,

1　P37, A Guide To The Project Management Body of Knowledge (PMBOK Guide) Fourth Edition, Project management Institute, Inc. 2008.

- Executing,
- Monitoring and Controlling, and
- Closing.

Managing a project typically includes：

- Identifying requirements,
- Addressing the various needs, concerns, and expectations of the stakeholders as the project is planned and carried out,
- Balancing the competing project constraints including, but not limited to：
  - ➢Scope,
  - ➢Quality,
  - ➢Schedule,
  - ➢Budget,
  - ➢Resources, and
  - ➢Risk」

而從該書中，可知專案管理之重點有：[2]

1. Project life cycle and organization
2. Project management process
3. Project integration management

---

2 詳如前揭書之目錄。

4. Project scope management

5. Project time management

6. Project

7. Cost management

8. Project quality management

9. Project human resource management

10. Project communications management

11. Project risk management

12. Project procurement management等。

而再根據「國際工程總承包項目管理導則」（Protocol of Project Management for International General-Contracting Works）一書可知，其將項目管理之重點分為：[3]

1. 項目管理組織

2. 項目策劃

3. 項目投標管理

4. 項目設計與管理

5. 項目採購管理

6. 項目進度管理

7. 項目質量管理

3　中國對外承包工程商會，《國際工程總承包商項目管理導則》，中國建築工業出版社，2013年6月，頁5-9。

8.項目成本管理

9.項目合同管理

10.項目分包管理

11.項目財務管理

12.項目HSSE管理

13.項目人力資源與勞務管理

14.項目竣工驗收和質量保修管理

15.項目考核評價

16.項目融資管理

17.項目風險管理

18.項目信用保險和工程保險管理

19.項目信息管理

20.項目爭議的解決等。

而何謂契約管理，根據英國The Chartered Institute of Purchasing & Supply（CIPS）之定義，「Contract life cycle management "is the process of systematically and efficiently managing contract creation, execution and analysis for maximising operational and financial performance and minimising risk".」[4]，從上述之定義可知，契約管理係由契約被有系統之制定、有效率之執行以達

4　P1, Contract Management Guide, R D Elsey October 2007, The Chartered Institute of Purchasing & Supply.

到降低風險並創造財務利益之極大化之目標，而事實上，整個專案工程管理之目的，不論是業主或承包商，也就是要妥善地履行契約，達到創造財務利益的目的。從本書後述之契約管理工作項目而言，有許多工作項目均和前述專案管理及項目管理之管理工作相互一致及重疊。從專案之管理組織而言，不論從專案工程之契約策略及契約架構之決定、契約之草擬、商議及訂定，均須有熟諳契約或法律之專案人員參與；而從投標階段的管理層面而言，投標文件之擬定審查，或投標廠商資格之訂定及廠商資格預審之工作，亦須有一套良好的契約管理程序去規範此部分之工作。再從專案採購分包而言，如何依據主契約之約定，製作一套專案分包或採購之契約範本，更是專案採購分包管理中重要的契約管理工作之一。在專案執行過程，不論工作之交付、契約之變更、各類文件及報表之管理、糾紛爭議處理及每日之各項活動及記錄，無一不與契約息息相關。故從廣義的角度，契約管理就是專案管理，應該一點也不為過。惟從狹義的角度而言，契約管理（Contract Administration），亦可限縮於契約執行當中對文件報表製作及管理之文書工作，然此狹義的行政管理工作，筆者認為應只是契約管理工作中基本工作之一罷了。一個好的契約管理工作，仍應是包含自契約製作、招標、投標、訂約、執行到完工、驗收結案等一系列之工作而言。

　　過去國內工程界並不注重契約管理，許多人甚至認為契約是發生問題時才去查閱，殊不知契約是做好專案工程管理之一項重要工具，有人說：「政治是法律之內容，而法律是政治之手段」，這句話套在一個專案工程的管理上時，可以改為：「專案工程管理是契約之主要內容，而契約是達成專案工程管理之重要手段」。筆者建議，不論係業主單位或承包商除了雙方權利義務之規定要充分反映在契約內容外，更應該善用訂定契約之機會，將如何增進契約或工程履行效率之程序或要求置入於契約中，並確實要求執行，達成契約和專案管理觀念及做法合而為一之目標。

第二章 | 契約管理之倫理規範 及基本原則

壹、倫理規範

所有之契約管理人員，均要遵守執行契約管理之基本倫理規範原則。

一、遵守契約之規定為契約管理的基本態度及原則

俗云：「契約是當事人之間的法律」，而依國際契約中常用的準據法—英國法之觀點而言，契約承諾是絕對與嚴格（absolute and strict）的責任。而英國Bingham大法官在Pagnan SpA V. Feed Products Ltd (1987) 2 Lloyd's Rep 601之先例中曾說：「The parties are to be regarded as masters of their own contractual fate.」（當事人是他們契約命運的主人）[1]

所以任何契約當事人均必須有嚴格遵守其所同意簽訂契約內容之信念及態度，在訂定契約時一定要小心謹慎，務必切實瞭解明白契約之約定，全盤瞭解契約簽訂後所產生之責

---

1 楊良宜，《合約的解釋：規則與應用》，法律出版社，2015年3月，頁6。

任義務以及風險，千萬不可在未通盤瞭解契約之責任義務及風險前即貿然簽約，而在簽約後，除非契約之成立有違反法律或公共政策之情形，否則當事人即應嚴格遵守契約約定去履行契約，千萬不能將契約束之高閣、不予理會，否則即會容易造成違約之結果。

二、契約之訂定應務求公平合理，才能創造雙贏

許多人常常認為訂定契約時，只求以自己強勢的市場地位，訂定一份只對自己有利的契約（one side contract），確保自己之權利受到保障。許多政府機構在訂定契約時往往會有如此的問題，所以一旦契約將對方之責任義務綁得太緊，也等於將自己在未來執行契約時合理解釋契約及彈性處理問題之空間完全綁死，將來一遇狀況，契約當事人間毫無轉圜的餘地，而發生爭議時，只會產生所謂的死結（dead lock），雙方毫無協商妥協的空間，造成事事必須以訴訟或仲裁之方式解決。非但影響契約當事人間和睦履行契約及合作之氣氛，更造成契約履行之中斷或毀約之情形，嚴重影響雙方當事人欲透過契約所達成之商業目標及利益，造成雙輸的情形。因此，筆者呼籲，契約之訂定應務求公平合理，兼顧雙方合理之權利義務，才能創造雙贏。而公平合理之契約也是後述「關係管理」的第一步。

惟可惜的是，不論在國內及國際之工程市場上，至今仍

充斥著許多不公平契約的情形，在市場競爭的情形下，許多業主單位仍挾其市場地位之優勢，訂定十分嚴格及不公平的契約，因此就承包商而言，在參與競標及談判契約時，要更仔細地去瞭解契約之內容，評估可能之風險，以避免日後之損失。

　　筆者更要呼籲工程界應在草擬工程契約時，應廣泛參考國際上公平合理且廣爲業界所瞭解約制式的條款，例如FIDIC之契約條款，及日本ENAA之制式條款等，做爲訂約之基礎；藉由契約之公平合理，才能創造雙贏的結果。

三、遵守法令，不以違反法令爲手段達到目的

　　由於契約管理工作會牽涉到契約兩造當事人之權益甚鉅，公司之負責人、各級人員及契約管理人員一定要將遵守法令，不可爲了達到目的而採取違法之手段此一基本原則牢記在心，例如不可使用不實之文件或僞造、變造之文書去投標或矇混品質之檢驗，不可以偷工減料而獲取不當利益；如果違法，一旦被察覺，不但會使公司之信譽毀於一旦，而公司及相關從業人員亦會受到民刑事責任之追訴。如係公共工程，廠商更可能因違反法令而觸犯政府採購法之相關規定，公司被處以停權之處分，而負責人員亦可能面臨刑事之追訴及處罰；而如業主方在投招標階段於編列預算前即委由特定廠商規劃設計，於預算核編後辦理形式比價，或由承辦人員

提供標的工程預算估價單及洩漏底價予內定廠商、或限制資
格，刻意製造投標障礙，使其他廠商難以與特定廠商競標、
而在履約階段，監工人員如與廠商勾結利益輸送，於監工日
誌為不實登載，甚至發生核計工期不當而造成圖利廠商免於
受處罰款情事等，不但會造成工程無法如期如質完成，造成
業主之損失，更會產生諸多之法律糾紛與責任。故而不論是
業主或承包商，所有專案工程及契約管理的人員應切記遵守
法令可以說是從事專案工程契約管理工作之基本原則及第一
要務。[2]

2　公共工程生命週期常見之違法態樣計有：
　　(一)規劃設計不當，導致施工不良災害發生。
　　(二)不當限制競爭致生發包後變更設計圖利情事。
　　(三)指定規格、工法、材料、技術或限定廠商資格條件等，以圖利特定廠
　　　　商，獲取不法利益。
　　(四)變相指定某特定廠牌（雖列舉三家以上廠牌並加註同等品，惟顯不具有
　　　　競爭性且同等品又難有統一認定標準）。
　　(五)規劃設計外洩引發官商勾結，炒作土地或搶建、搶種等情事。
　　(六)於編列預算前即委由特定廠商規劃設計，於預算核編後辦理形式比
　　　　價，由承辦人員提供標的工程預算估價單及洩漏底價予內定廠商。
　　(七)發售招標文件未依規定開立收據解繳公庫，甚至擅挪他用。
　　(八)廠商勾串機關人員洩漏底價，以利圍標。
　　(九)限制資格，刻意製造投標障礙，使其他廠商難以與特定廠商競標。
　　(十)領標名單外洩。
　　(十一)企圖圍標廠商利用各種途徑取得領標廠商名單進行圍標。
　　(十二)暴力圍標。
　　(十三)招標文件規範刻意模糊，使開標或審標人員得以便宜行事勾串圖利特
　　　　　定廠商（先以較高標準排除競爭者，後放水護航通過審查或以近核定

惟在一個國際工程案件中，所牽涉之法律甚多，可能

底價圖利特定廠商）。

(十四)監工人員與廠商勾結利益輸送，於監工日誌爲不實登載，甚至發生核
　　計工期不當而造成圖利承商免於受處罰款情事。

(十五)承包商未按圖施工、偷工減料，致生公共危險。

(十六)監造單位或主辦人員受制廠商暴力威嚇或利誘，縱任包商偷工減
　　料，包庇使用未經認可或不合格之建材。

(十七)專業技師借牌。

(十八)違反勞安等相關法令，致人於死、傷。

(十九)違反廢棄物清理法。

(二十)未依採購合約執行或擅自塗改合約規定，不法圖利廠商。

(二一)勾結估驗、監工人員，超估施工進度，超領工程款。

(二二)勾串包商巧編理由、未依約核算，圖利廠商情事。

(二三)以事先備妥之試體，俟機抽換、調包。

(二四)串通試驗單位人員不按規定試驗或作不實紀錄。

(二五)勾結監工或工程品管人員，僞造檢驗資料。

(二六)以劣品混充，提供不實之出廠證明、檢驗報告。

(二七)製作不實之檢驗報告。

(二八)以劣級品取代原設計材料，偷工減料。

(二九)延宕付款藉機刁難索賄。

(三十)於結算驗收證明書、增減價及扣款部分計算不確實，圖利廠商。

承攬廠商常見之刑事法律責任：

1. 行賄罪、洗錢罪。

2. 綁標、圍標罪。

3. 違背建築術成規罪。

4. 僞造文書及業務登載不實罪。

5. 商業會計法、稅捐稽徵法。

6. 職業安全衛生法、業務過失致死（傷）罪。

7. 廢棄物清理法。

業主和承包商分屬不同之國家，其各有自己國家之法律必須遵守，而工程所在地亦可能位於和契約當事人不同的國家內，而雙方約定的準據法亦可能又不同於各當事人之國家法律和工程所在地之法律，而發生爭議時可能又約定在另一個國家解決糾紛。例如，日本業主和中國營造廠約定在泰國做工程，但契約之準據法約定為英國法（law of England and Wales），而仲裁地則約定在新加坡。

　　因此一個國際工程案件中，可能會涉及數個不同國家之法律，以國際工程的當事人在議約時一定要對工程所在地之法律、契約準據法及爭議解決地之法律有所瞭解，以免因無知而造成日後之問題。基本上，所有工程履約之行為一定要遵守工程當地之法律，而契約之訂定及解釋必然要依契約之準據法，而發生爭議時對法院地或仲裁地之法律，尤其是法院地或仲裁地之程序法，更要事前和當地律師研商。而有時許多國家可能對本國承包商到海外做工程時，亦有對某些牽涉國家安全或高科技之產品及技術有所禁止或限制，因此，此類國家之承包商在訂約時，則有必要在契約中加註「遵守工程所在地法及契約之約定不應使承包商違反其本國法律」等免責條款或履約條件等文字，以保障本身之權益，而通常國際契約在契約定義條款中，均會對「法律」有所規範，此點不可不知，必須加以注意之。

四、所有文件、帳目均誠實記載，不允許私下帳務交易

此係由遵守法令之原則衍生出來的另一項原則，因為保存文件及帳目可以說是工程契約執行中十分重要的工作，非但在爭議求償時要做為索賠之佐證文件，而在工程契約中往往更會明訂業主有權在若干年限內可以去審視及查核承包商所有文件、會計帳簿等規定，如果文件帳目未能誠實記載，非但有違法之虞，更會嚴重影響業主對承包商之信賴。

往往常有人問及，由於契約上有些事項未便明白地約定及揭露，或雙方要私下做某些和原約不同之約定及交易，所以雙方要私下簽署一份所謂之「附屬協議」（Side Agreement）來規範雙方之某些權利義務，事實上，如果可以攤在陽光下，自然應可大大方方的約定在正式契約中，之所以要簽訂所謂之「附屬協議」（Side Agreement）必定是一些無法公諸於世之勾當，然而一旦履約後，雙方當初之信誓旦旦，可能無法勝過雙方實質之金錢利益，如果雙方一旦發生糾紛，究竟原契約之約定有效還是「附屬協議」（Side Agreement）有效，即成問題。如果吾人簽一份契約，將來都無法確定其效力，甚或可能會有違法之虞而無法達到當初之目的，則為何要簽該契約，實為我們應加以深思考慮之處，筆者在此實不鼓勵以私下交易之方式。故不允許為任何私下帳務交易實係在契約管理上另一基本原則。

五、誠實處理一切事務（Be Honest）

　　古人云「一誠行天下」，別以為自己聰明可以用欺騙方式矇混他人，現在是資訊透明之時代，任何欺騙技倆很容易被發現，因此如果在執行契約時失去誠信，相信必然會喪失信譽，導致寸步難行。試想如果承包商偷工減料，或偽造文件被發現後，業主還會相信該承包商嗎？而如果業主以不誠實之方法在招標過程中欺騙投標之承包商，和特定廠商作弊讓特定廠商得標，試問業主真能得到良好品質之工程嗎？優良之廠商還會願意向該業主服務嗎？

貳、基本原則

一、利益衝突原則（Conflict of Interest）

　　因契約管理之工作，在初期會涉及契約的招標之承辦及監辦業務，而於契約後期又會涉及所謂驗收、查驗等工作。因此在許多國家之法令中，針對公共工程之發包及採購，均有「利益衝突原則」之規定，例如我國政府採購法第15條即有：「機關承辦、監辦採購人員離職後三年內不得為本人或代理廠商向原任職機關接洽處理離職前五年內與職務有關之事務。（第1項）機關承辦、監辦採購人員對於與採購有關之事項，涉及本人、配偶、三親等以內血親或姻親，或

同財共居親屬之利益時，應行迴避。（第2項）機關首長發現承辦、監辦採購人員有前項應行迴避之情事而未依規定迴避者，應令其迴避，並另行指定承辦、監辦人員。（第3項）廠商或其負責人與機關首長有第二項之情形者，不得參與該機關之採購。但本項之執行反不利於公平競爭或公共利益時，得報請主管機關核定後免除之。（第4項）採購之承辦、監辦人員應依公職人員財產申報法之相關規定，申報財產。（第5項）」之規定。而在許多地區之公司法中亦常有針對董事、股東及經理人競業禁止之規定，這些均為利益衝突原則之實踐。而在許多重視公司治理之公司中，禁止公司董監事、經理人、員工（含配偶家人）於有利益衝突時參與或涉入相關業務，也是十分常見的情形，因契約管理之各階段中可能涉及之金錢利益及對契約當事人之權利影響甚鉅，故利益衝突原則，亦為十分重要之一環。

二、保密原則（Confidential Obligation）

　　不論是政府、國營機構或私人企業之從業人員，且不論該從業人員是否從事契約管理之工作，大多數在受僱時均會被要求簽署保密切結書，保證未經同意不得洩露任何業務上之秘密給無關之第三人。而契約管理之工作，因涉及當事人內部契約權利有關之資訊甚多，而在大型之國際工程中，又可能牽涉到許多屬於「技術授權人」（Licensor）之營業秘

密或智慧財產權之知識，故此部分之保密尤屬重要，而實務上業主或「技術授權人」除要求所有專案人員簽署嚴格之保密切結書或協議外，更對所有電腦IT系統，有著非常嚴格的管制，在在顯示保密在契約管理工作中之重要性。

三、不可爲不合營業常規或其他不利益之經營或交易之原則（Transaction Against Normal Business Practice）

從我國公司法第369條之1以下規定之規定可知，爲避免經營者藉經由關係企業間之交易將公司資產掏空或獲取不當之利益，故明文規定關係企業間之交易不可爲不合營業常規或其他不利益之經營或交易[3]；故從事契約管理工作時，要切記與關係企業之契約中即不得有不合營業常規或有其他不利益之經營或交易行爲之條款；而在對外洽議契約條款時，亦必須本於公平之原則，切莫簽署一些極不合理之契約條款，例如沒有任何正當理由卻在工程聯合承攬契約中，約定一方僅享有利潤，不負擔任何損失之條款。如此，相關經理人或契約管理人員很可能有觸犯背信罪之虞。[4]

3　按我國公司法之規定，關係企業係指「有控制與從屬關係之公司」或「相互投資公司」。所謂「有控制、從屬關係之公司」係指「持股過半」、「直接、間接控制人事、財務或業務經營者」、「相同董事占董事會席次半數以上」等情形；「相互投資公司」則係指「互相持有彼此股份三分之一以上者」或「互可直接、間接控制人事、財務或業務經營者」。

4　臺灣證券交易所股份有限公司曾針對上市上櫃公司制定「上市上櫃公司治理實務守則」，作爲全國各上市上櫃公司的公司治理參考規範，其中第18條第1款規定「對上市上櫃公司具控制能力之法人股東，對其他股東應負有

四、遵守公司各項工作規則及稽查準則

　　而除了遵守法令外，由機構或公司所制定之內規及稽查
準則也是契約管理人員所必須要遵守的規定，在許多公開發
行公司，本於公司治理原則，往往制定許多工作程序、規則
或稽查準則，所有從事契約管理之人員，均須熟讀並確切遵
守，以維護公司作業之正確性，並維護公司及股東之權益。

誠信義務，不得直接或間接使公司為不合營業常規或其他不利益之經
營」，旨在規範股東不得為有害公司之經營。

上市上櫃公司治理實務守則第18條第1款：

「對上市上櫃公司具控制能力之法人股東，應遵守下列事項：

一、對其他股東應負有誠信義務，不得直接或間接使公司為不合營業常規
　　或其他不利益之經營。」

證券交易法第171條第1項第2款：

「有下列情事之一者，處三年以上十年以下有期徒刑，得併科新臺幣一千
萬元以上二億元以下罰金：

二、已依本法發行有價證券公司之董事、監察人、經理人或受僱人，以直
　　接或間接方式，使公司為不利益之交易，且不合營業常規，致公司遭
　　受重大損害。」

我國刑法第342條：

「為他人處理事務，意圖為自己或第三人不法之利益，或損害本人之利
益，而為違背其任務之行為，致生損害於本人之財產或其他利益者，處五
年以下有期徒刑、拘役或科或併科一千元以下罰金。

前項之未遂犯罰之。」

五、和有信譽之公司訂立契約（**Contract should be made only with sound, reputable companies**）

因契約必須要有當事人，然如果當事人根本缺乏履行契約之能力或資力，或者雖有能力，但卻欠缺良好之信譽及履行契約之誠信，此時縱使契約之設計及條款十分周全，但卻還僅僅是幾張文件而已，文件本身並無法自動將契約之內容實現，而必須要靠當事人確實遵守履行才能達到訂定契約之目的。

因此，如果當事人欠缺履約之能力及誠意，也沒有良好的信譽，契約之執行中必然容易出問題，因此如何透過良善之機制選擇有信譽、有能力的當事人，也可以說是契約管理在準備契約階段初期要特別重視的一項原則和工作。

六、建立公平公正之透明選擇機制並平等對待所有投標廠商（**Treat all contending bidders fairly and equally**）

如業主機構在選擇將來工程之承辦廠商，必須採行一定之投開標程序時，則業主機構一定要以公開公正的態度平等對待所有之投標廠商，如果不公開、不公正也不公平時，如業主為公部門，則其除了有違法之虞外，更會使許多良好的廠商因此退避三舍，不願參與不公正之投標作業程序，則業主未必能選擇到良好的廠商來提供服務。

　　上述同樣公平公正的原則，在大包和小包及供應商之間也應該一樣地適用。公平平等對待廠商，也是契約管理工作中「關係管理」（Relationship Management）的基本精神。

七、保存所有有關契約活動之完整紀錄（**Keep Good Record**）

　　廣義的契約文件，除了契約書本身外，尚包括簽約前之文件及簽約後執行契約之文件；簽約前之文件包括相關早期之規畫設計、預算編列、價格分析、備標詢價之資料等，此類文件，雖未必會納入契約書中，但往往在發生爭議時會被當事人用來作爲支持解釋契約真意之證據，而簽約後之文件，例如契約履行中所製作之各種報表、紀錄、相片、報告及施工圖、竣工圖文件等，又往往可以作爲「契約履行」（Contract performance / Actual work）之證明，故而對契約文件完整之記錄及保存，不但在權益保障上十分重要，而在發生爭議時更能作爲有利之證據，因此妥善保存所有有關契約活動之完整紀錄是契約管理工作的另一項重要工作原則。

八、要配合專案計畫發展可行有利的契約策略（**Develop optimum contracting strategies consistent with project plan**）

　　從業主的角度而言，一項工程要如何執行，勢必要有良

好的契約策略，例如係採用「統包」之方式，還是採取「設計後施工」之方式，而施工時究竟應採「大包制」還是「專業分工制」才是有利於預算及時程之掌握，或是宜採「單一契約」或「複數契約」等策略及方式都和業主專案之規畫及計畫之構想有關，因此業主機構應該要在專案規劃時，就配合規畫內容想好執行此專案之可行有利的契約策略。在決定發包契約之策略時，可能必須要考慮到專案工程之特性，什麼是專案之主要「工作範圍」（Scope of work）之性質及業主本身對專案之執行人力及能力等因素，舉例而言，一個本身有人力及能力做專案管理工作之業主單位，和一個完全對專案執行無人力及能力之業主單位，其對專業執行契約之策略即可能完全不同；而一般土木工程和石化廠工程所要考慮之重點及要採取之契約方式應該是完全不同，所以如何配合業主本身之人力、能力和專案工程之特性及規畫內容去發展一個可行有利的契約策略，是契約管理的一項重要的先期工作。而承包商亦應考慮同樣之因素，並發展對其有利之競標及分包／採購契約策略。

九、使用最少之廠商及低成本、當地化之服務去執行專案

　　專案管理中，如能減少工作介面，一般而言，大都能使工作較為順利，所以使用最少之廠商去執行一個專案，也是

值得注意的原則，而如何在專案執行之地點去取得低成本及當地化之服務，也是足以讓專案成敗的一項重要關鍵。例如國內廠商到其他國家承攬工程必然要對當地之各項資源做充分之調查及瞭解，不可能萬事均由國內支援，而甚至同一國家但在不同的地區，相關之資源供應及地區條件亦會大不相同，如無法順利取得當地之資源，對專案及契約之執行必有極大之影響。再以臺灣本地之工程生態而言，有關土方工作或廢棄土等工作之處理往往與當地之商業、政治生態有著密切的關係及掛勾，如果冒然使用外地之廠商及資源往往會遭遇到許多預想不到的問題，故此原則，值得業主單位及承包商在招商發包時詳予斟酌考慮。

第三章 │ 契約管理之工作範疇
（業主篇）

　　專案契約管理之工作十分繁雜及眾多，但所有專案工作之管理人員應該有一個正確的認知，也就是說，所有的契約管理工作絕對不是「契約管理師」（Contract Administrator）或「契約管理經理」（Contract Manager）一個人的事情，也不應該是由「契約管理師」或「契約管理經理」單獨承擔此一工作的責任，要做好專案工程契約管理之工作有待於全體專案工程之工作同仁，群策群力，秉持前述原則共同努力去注意工程的每一個環節，才能成功。

　　專案工程契約管理之工作從一個案件開始，到工程結束有許多之細節及工作項目，茲參考CIPS之分類，將其工作分成兩大類，一為「準備案件及簽約前階段之工作」（Upstream or pre-award activities），二為「簽約後履約階段之工作」（Downstream or post-award activities）[1]。

1　根據英國The Chartered Institute of Purchasing & Supply所出版之Contract Management Guide, R D Elsey October 2007，其將契約管理工作分為 Upstream or pre-award activities及Downstream or post-award activities兩大部分。

　　Upstream or pre-award activities之主要工作包括：

　　「‧案件準備 Preparing the business case and securing management approval

　　筆者在介紹每個階段之工作及活動時，會嘗試以一個工程之業主及主承包商之角度及立場來分別敘述之。又因每個階段之工作及活動眾多，許多工作及活動可能都必須同步進行，而並不一定是按本書介紹之先後次序逐一辦理，先予說明。

　　因業主和主承包商對契約管理工作之進行，對專案工程管理而言，是一體之兩面，故針對業主之契約管理工作，筆者將參酌CIPS之分類，就業主契約管理之工作做較原則性

- ・團隊籌組 Assembling the project team
- ・契約策略 Developing contract strategy
- ・風險分析 Risk assessment
- ・契約退場策略 Developing contract exit strategy
- ・契約管理計畫 Developing a contract management plan
- ・需求規範之確認 Drafting specifications and requirements
- ・契約內容之確認 Establishing the form of contract
- ・業主／廠商評估作業 Establishing the pre-qualification, qualification & tendering, Appraising suppliers
- ・開備標作業 Drafting ITT documents & Evaluation tenders
- ・契約談判 Negotiation
- ・決標訂約 Awarding the contract」

而Downstream or Post-Award Activities之主要工作包括：
「・服務工作之管理 Service Delivery Management
- ・變更管理 Changes Within the Contract
- ・關係管理 Relationship Management
- ・行政管理 Contract Administration
- ・風險管理 Assessment of Risk
- ・效率之管理 Performance and Effectiveness Review
- ・結案管理 Contract Closure Management」

及理論性之闡述，而針對承包商之契約管理工作，筆者將根據以往之實務工作經驗，從契約訂立，執行至結案，對承包商應做之契約管理工作及活動做有系統地介紹。

壹、工程案件之提出及簽約前之工作
（Upstream or pre-award activities）

此部分工作對業主而言，其主要目的是要藉由良好周延之契約設計及公平合理之投招標程序確實選擇到良好誠信有能力之承包商去履行契約而達成業主之需求及目標。

一、專案工程案件之準備

在一個業主機構，要推出一個工程案件時，首先它必須先明確地訂立出該工程的目標以及要達成效益是否符合上級或其本身單位之需求及投資目的，以獲得上級之核准。在這一階段，業主單位必須要明白清楚地將政策、組織需求及工程之商業利益提出來，並且詳細評估分析出可能會產生之風險及問題，例如，是否應該採用外包（outsourcing）之方式或應由業主機構自行辦理，此工程案件有無其他替代方案，對風險之評估，時程之規劃，工程完成後之維護及需求等等，有無通盤及充分之瞭解及計畫。專案負責團隊及人員必須要對案件做好的充分之分析瞭解及準備，對後面的其他工作才會有良好之指引原則及目標。

　　在此階段，商業及技術之可行性分析、相關之市場調查以及業主機構之商業策略之制定等會是一些必要先決之工作。在提出專案案件時，更需要高層管理人員對專案工程案件進行正式批准，以確保高層管理人員對專案工程之支持與承諾。

二、專案工程團隊之組織

　　當將要發展之專案工程計畫被上級所批准後，則業主機構必須要儘速組織一個專業工程管理之團隊，來開始規劃、準備及執行此專案，事實上也很可能先組成專案工程團隊再提出工程或商業之提案。當然團隊組織之規模大小，會取決於該專案工程之規模、特性以及業主機構本身之組織架構；一般而言，一個專案工程管理之團隊應包括規劃設計之人員、研究發展的人員、生產製造或施工管理的人員、品質管理之人員、安全衛生之人員、後勤支援的人員、採購發包之人員、業務銷售之人員、財務會計人員、法務人員、契約管理人員及負責人力資源之人員（負責人力資源之調配）等。如果專案工程於完工後還有營運操作之需要，則此時尚應包括操作營運及使用單位之人員在內。如果業主機構係政府或公營事業，此團隊中可能尚須納入主（會）計／政風（監辦單位）人員在內，自不待言。

　　一般而言，團隊組織後自然必須要有一位領導之主管

（即專案工程之「經理或督導」（Project Manager），而此領導主管是整個專案工程工作之指揮官，因此人選之選擇即十分重要，業主機構除須要考慮到他的專業能力、經驗外，更必須考量其在機構中之資歷輩分及威望；更重要的是，一旦選定後，機構應明確地給他一定清楚合理之授權，以便他能有效地指揮管理整個團隊。

另外團隊組織後，其各個成員之「工作角色及職責」（Role and Responsibility）及其如何相互配合整合，業主機構亦應要有明確之作業規定，如業主機構為常設之工程或財物採購單位，更應建置一定的機制及標準作業程序，以利遵行。

如果業主機構並非常設之工程或財物採購單位，則此時業主機構可能必須從外部聘用設計顧問、監造顧問、建築師及專案管理顧問來協助業主機構，因此如何選擇優良之顧問，準備一份完善之顧問服務契約並妥善執行，則建議依照本書所提供之各項原則辦理之，自不待言。

另外，如果所有之團隊成員能從專案工程一開始之時間就參與直至專案工程完畢為止，應該是最好之狀況。如果團隊成員之能力不夠、或在專案工程執行期中經常更換異動，也會變成專案工程執行的一項重要「風險」（Risk），此為從事專案工程契約管理之人所不可不知之重點。

依筆者之觀察，目前在許多專案工程團隊的組織中，

法律人員及契約管理人員之角色尚未受到重視。許多工程機構，包括業主及承包商，為成本之考量或本身缺乏對法律及契約重要性的認知，甚至尚未有法律人員及契約管理人員之編制或設置。契約訂定之初，如有法律人員之參與，相信許多法律之風險必定能預先明瞭及預防，所謂「Have lawyer at beginning. Don't have at end.」就是這個意思；而契約管理人員之參與除能使契約管理工作有專人負責外，更能確保契約之執行能遵守契約之規定，並使契約的履行更有效率。故筆者呼籲工程單位務必要注重法律人員及契約管理人員之編制及訓練，在專案工程團隊之組織中如能讓法律及契約管理人員積極參與，相信在契約權益之保障，提升契約執行效率，避免糾紛等方面，必會發揮正面的功能及價值。

　　而另一件值得探討的問題，就是在專案工程團隊（尤其是業主方之團隊）中，「工程師」（Engineer）或「專案管理顧問」（Project Management Consultant）之角色定位問題；理論上「工程師」或「專案管理顧問」應該是專業及獨立的角色，應在工程契約中扮演審查、指示及決定相關工程契約事宜之角色，他應該是有獨立而公正之地位，所做出之專業決定應被業主及承包商所尊重，然實務上，因「工程師」或「專案管理顧問」係由業主所聘任，必須聽命於業主，而業主又不完全授權給「工程師」或「專案管理顧問」，以致其於執行職務時，只能顧及業主之立場，而無法

公正獨立地行使其專業之職責，造成在工程及契約執行中，發生問題時，缺乏一個能夠公正獨立發表專業意見之人士，而業主自己往往也不尊重自己所聘請之「工程師」或「專案管理顧問」之意見，致使許多工程及契約之爭議無法立即得以妥善處理，造成許多不必要之爭議及糾紛，影響雙方之權益至鉅。

因此如何重建「工程師」或「專案管理顧問」之角色及職責，建立其在專案工程執行中之專業獨立公正之角色，也是吾人所應重視及探討的一個課題。

而一個工程機構，除在有工程時要組織專案工程團隊，更重要的是，在平時就應建立所有之資源外包（outsourcing）系統，平日就應與市場上相關之設備、材料供應商及專案廠商保持良好的關係，並對市場上供應商及分包商之狀況及資訊做定期之更新，確實掌握市場上的最新狀況。

三、團隊契約管理工作之開始

除本人所述之原則及活動工作外，筆者認為在專案工程團隊組成，而每個團隊成員均明確瞭解自己之職責後，專案工程團隊應立即開始運作，而在投標階段，相關之契約執行及管理工作，包括，但不限於：

(一)財務及預算之編列及安排，如係私人投資案件，包括與融資機構之洽商，貸款契約之簽訂等，以確保專案執行

之經費足夠支用。

(二)進行專案工程之相關初步或基本設計及規劃工作，包括顧問契約之擬定及簽訂，如係公共工程，業主機構尚須針對此類勞務採購案件、依本文所揭示之原則，進行相關之招／投標作業。

(三)市場狀況之收集，包括承包商／供應商之市場狀況，重要設備器材及材料之供應及價格狀況等。

(四)開始準備各類契約文件，例如保密協議及下述之各項契約及招標文件等。

(五)排定整體專案之工程各項作業之時程及管制點，以確保整體專案之進度。

(六)建立完整之文件管理檔案系統。

四、發展及決定契約策略

　　針對一個專案工程應採用那一類型之契約來執行，專案工程團隊在決定專案工程之契約策略時，首先必須要考慮機構整體的契約策略、機構之發包及採購之模式以及欲採用之管理模式等因素。

　　如果機構對工程之需求是長期或持續性的，則應考慮是否與承攬廠商或供應廠商建立一個長期穩定之合作關係，則此時契約之策略則應以訂立一個長期合作關係之契約為原則，若機構之需求僅為一次性之需求，則只須建立短期一次

之契約關係。

　　如果一個業主機構對工程之需求係持續性或長期性的，則除個案之契約方式外，業主機構可能必須建立廠商之發包及能力審核之機制，以確保來承攬廠商之素質及能力。

　　另外針對個案專案工程之規模、性質及特性，以及業主機構本身管理團隊之人力及能力，業主機構可以自行評估究應採一次採購發包或分開採購發包之方式較為適宜；如果業主機構團隊人力充分，為成本之考量，亦可考量不採總包制發包或而以分標制發包；若涉及技術及施工之複雜度或為減少管理之介面，則可採所謂之統包方式而取代傳統之設計後發包之方式。有關「國際統包」（Engineering, Procurement and Construction／EPC）工程專案業主機構和統包商常用之契約策略、模式及簽約方式，請參閱本書附錄一**「國際EPC工程契約之實務探討」**一文。

　　而如果業主機構針對專案工程所需技術之來源，認為國內工程廠商之技術能力尚有不足時，則可考慮採用國際標之發包方式。又如果價格並非唯一之考量，而希望能增進技術、品質、功能、管理之提升、並考量價格及財務計畫等因素，又可以考量採取有利標之方式等。

　　在決定契約策略時，尚有下述之考量因素：

　　(一)首先採購／發包單位必須要考慮本身之特性及本身人力之能力，如果採購發包單位本身並無任何工程經驗，或

足夠之專業人力，則建議其先聘請一位良好之工程管理顧問協助其處理相關之工程事宜，而不宜採取過多分標發包之契約策略及方式。

(二)要考量市場上供應商及承包商之實際能力及經驗，如果所需發包之工程在市場上已是成熟之技術或已有許多完成之實績，則採取分包或統包均可考慮。但如採購單位所須之工程，並無詳細之規範或標準可咨遵循，而採購單位僅能以「功能規範」（Function Specification）為契約之要求時，如欲採用EPC統包方式發包時，則投標廠商是否有此設計及施工之能力，則應為發包時審查之重點。國際上有許多大型工程機構，其雖有完工之實績，但因實際履約均係由其合作之分包供應商所完成，其本身未必擁有足夠之人力及專業能力，因此在此類大型工程，其發包策略中必須要考量的則是其工程團隊組成份子之實際工作能力，而非該大型機構單獨一家出面即可，在此種狀況下，採購發包單位應要求有經驗及能力之專業廠商單獨或以聯合承攬方式來承攬此類大型工程。

(三)工程日後之延伸及維修成本亦是考量之因素，在許多大型建設工程，如捷運系統發包時，故然工程價格是一個重要的因素，但如路網日後延伸擴建時之需求及日後維修成本均會和第一次所選擇之系統息息相關，因此如何確保未來之工程延續性及合理之操作設備費用，也是在決定契約策略

時應注意之點。

　　基本上，工程發包及財物採購之策略是必須配合業主機構之需求及目標來做發展及決定。

　　如果契約策略錯誤，則可能會使工程發生重要之問題，舉例而言，臺北之捷運工程其採取依工程性質之發包方式，使每條路線均順利完成通車，而機場捷運系統所採取之統包方式卻一再延誤通車日期，是否因採取之發包策略及契約型態或管理方式錯誤所致，值得探討。

五、風險評估

　　(一)根據CIPS之說法，所謂「風險」係指「不希望發生卻有發生之可能的事件」（The probability of an unwanted outcome happening）而致影響專案工程之執行及契約之履行，進而影響到當事人權益之事項。[2]

　　根據筆者之觀察，許多業主機構往往在設計草擬契約條款時會將過多之風險均藉由契約之規定轉嫁給承包商承擔，殊不知整個專案工程之成敗，其主要之責任及風險之承擔人是業主而非承包商，試想如果承包商不堪負擔契約責任時，最壞之狀況對承包商而言，就是放棄契約或破產倒閉一走了之，而所有之後果均仍須要業主獨立面對善後。因此不論是

2　P7, Contract Management Guide, R D Elsey October 2007, The Chartered Institute of Purchasing & Supply.

業主機構或承包商均應對工程之「風險」要有清楚地認知，並對「風險」之識別評估及移轉減免事先均要有一套完整之作業方法。

筆者認為一個專案工程之最大的「風險」是專案工程團隊不知道什麼是「風險」；所以專案工程團隊，一定要先做好「風險之分析識別」（Risk Analysis），「風險之評估確認」（Risk Assessment）及「風險之減輕」（Risk Mitigation）之工作。[3]

(二)「風險之分析識別」之工作，主要是要確認可能之風險及其發生之機率，筆者認為，風險可以分為內在之風險及外在的風險，筆者個人淺見認為不論是業主機構或承包商，其內在之風險有：

1. 事前未做好「風險之分析識別」（Risk Analysis）、「風險之評估確認」（Risk Assessment）、「風險之減輕」（Risk Mitigation）工作，不清楚風險是什麼。

2. 本身承接或辦理工程之商業策略不清楚。

3. 欠缺足夠適格之人力及團隊。

4. 技術能力不足，財務能力不足。

5. 組織繁複，工作介面增多。

3　P8, Contract Management Guide, R D Elsey October 2007, The Chartered Institute of Purchasing & Supply.

6.對利害關係人之瞭解不足。

7.對契約之認知不足。

8.對市場之調查不足。

9.對工程所在國之瞭解不夠。

10.沒有明確良好之專案管理程序及執行計畫。

11.輕忽權益保障及「風險管理」（Risk management）工作。

12.執行人員之團隊合作及紀律有問題等。

(三)而外在之風險不論對業主機構或承包商而言，依風險之來源區分，包括自然的風險、社會的風險、法律的風險、政治的風險、市場、經濟的風險等。關於工程風險之分析識別方法，一般有專家調查法、財務報表法、流程圖法、初始清單法、經驗數據法及風險調查法等。[4]

風險分析識別過後，則業主機構則應要針對風險做一評估及確認，來評估確認這些風險發生時是否可以控制及為避免此類風險所須投入之成本及做法。另外，於風險發生時究竟專案團隊應如何分工處理該風險及應由團隊中何人負責處理，也是須事先予以安排及規劃。

經過風險之評估及確認後，則業主機構要預先想好如何減免、減輕此類風險之工作及措施；例如某些風險是否可

4　工程建設風險，MBA智庫百科（http://wiki.mbalib.com），頁4。

能藉由保險之方式移轉，如果對工程技術有所疑慮，是否有替代方案來取代，是否利用「套期保值」（hedge）之方式來避免貨幣匯率之漲跌，是否購買期貨降低材料之價格漲價等，而風險是否可藉由契約之方式合理地轉嫁他人，轉嫁風險對成本影響為何等。

　　風險分析識別、評估後，往往所產生之結果也會成為影響前述發展契約策略決策之重要因素，亦會影響到契約條款之設計及規範之內容。有許多業主機構及承包商，往往會針對專案工程或採購所經常會遇到之風險，製作一套「風險評估之清單」（Risk Checklist）做為工作之參考。

六、預先設計契約之退場機制

　　一個契約之目標當然是希望契約當事人能夠圓滿地履行契約，但天有不測風雲，人有旦夕禍福，許多事情在簽約前甚難預料，如果在契約執行當中發生了契約當事人嚴重違約之情形，或發生了所謂市場、政治、經濟環境之「情事變更」致使契約無法繼續履行下去時，則契約要如何處理？當事人如何退場？此類問題，建議業主機構在設計契約時，就必須要事先考慮及設想。

　　當事人嚴重違約之情形，在業主機構方面可能包括資金不足、融資貸款取得之困難，致使業主機構無法如期繼續付款；或業主取得證照困難、或因土地取得不易等致使工程無

法繼續執行等情形，而就承包商方面，如果發生承包商財務
有問題造成工程款被扣押致無法支付下包商及供應商之工程
款而影響下包商及供應商之履約時，應如何處理等？

　　而在工程所在地也可能發生不可抗力或雖非不可抗力但
致使契約履約發生之難以履約之困難，例如發生政治、經濟
危機、物價大幅上漲等所謂之「情事變更」之情事，針對
此類嚴重違約或情事變更之情事，筆者建議業主機構在準備
契約條款時就應該把處理此類情事之契約退場機制先予以設
計草擬並納入契約中。例如針對承包商之違約，如何將「扣
款」（Back-Charge）、「收回辦理」（De-Scope）或採用
監督付款或要求保證人接手及催告程序等機制預先設計到契
約當中，以便在發生此類情形時，業主機構可以儘量地以無
縫接軌的方式將合約移轉給其他承包商，以確保專案工程能
繼續履行下去，使影響及損害減至最低。而在發生「情事變
更」之情事時，在契約條款中如何合理規定風險之合理分配
使契約雙方能夠公平合理地繼續履約下去，也是值得考慮之
原則，而針對解決業主支付能力之問題，是否應事先與融資
機構共同設計有關融資機構適時行使「介入權」之機制並納
入工程契約中，明白約定在業主有財務問題時，能經由融資
銀行之介入，使工程在不影響承包商之權益下仍能繼續將工

程順利完成。[5]

　　在某些尚可補救之情況下，如契約中有前述良好周延之契約之退場機制往往可以有效地繼續使契約履行下去，而不一定在發生當事人重大違約或「情事變更」之情事時，均要走上解約或爭訟一途。而如果契約確實無法履行下去時，如何事先設計解除或終止契約之程序及辦法，也是要事先設計，使業主機構可以儘量地以無縫接軌的方式將契約移轉給其他承包商，以確保專案工程能繼續履行下去，而使影響及損害減至最低，實為重要之工作。

　　但以筆者之經驗，有許多承包商產生履約之問題，往往係因為承包商將工程款移作他用，而使其之小包、材料供應商或工人無法如期拿到工程款、材料款或工資故而不願繼續工作或供應材料所致；此種承包商違約之情形在工程界屢見不鮮，可是筆者卻極少在工程契約中看到業主機構在承包商請款之條款中，設計要求承包商在申請工程估驗款時必須確實提出已付款給其小包，供應商或工人之證明資料的機制或規定，甚至於發生問題後，以「監督付款」方式來處理承包商之下包，材料或工人之款項之機制都很少在契約中規定，

5　一般國際之重大工程，如業主機構執行專案工程須有金融機構貸予大量之資金時，如果工程無法如期如質完成，銀行會變為最大的風險承擔者，故有時銀行會要求業主、承包商與銀行簽署一份「Direct Agreement」，約定在業主違約時，銀行如何行使介入權，承包商如何配合銀行繼續把工程完成。

顯見業界尚缺乏對契約退場機制策略及做法之認知。[6]

6　何謂「監督付款」，請詳見王伯儉著，《工程契約法律實務》，元照出版，2008年10月，頁241-250。

另在契約中，如須設計監督付款之機制，其相關條文參考之規定為：

(一)乙方如遇有下列情形之一者，為確保工程如期完成，甲方得改採監督付款程序，變更付款。但第＿＿條所訂之估驗計價規定仍為有效。

　　1.乙方於工程施工中發生財務危機或糾紛，無法將其所領之估驗計價工程款完全支用於本工程，致使分包工程之小包、工頭、材料商或製造商，因未領全部或部分工資或材料費而停工達十五天以上時，甲方若認為改採監督付款較能確保甲方權益時。

　　2.施工進度落後達百分之十以上，且有小包、工頭、材料商或製造商申訴未領工資或材料費；經甲方認定非辦理監督付款，將無法順利完工時。

(二)甲方決定改採工程監督付款時，乙方應檢送未施工部分工料費支付預算表、工料費支付名冊（即分包工程之小包、工頭及已訂購材料設備之供應商或製造商名冊）及未領工程款與支付預算比較併同申請函，以供甲方查核，如資料不齊全者，甲方可不予同意辦理監督付款。

(三)未領工程款不足支付工程款時，除乙方願意負責補足差額，或支付名冊所載之領款人（即分包工程之小包、工頭及材料或製造商等）願意按不足成數減領，並出具切結者外，甲方可不予同意辦理監督付款。甲方與上述領款人並無契約關係亦無債務關係。

(四)乙方所送監督付款有關資料，經甲方查核同意辦理監督付款者，甲方應即通知乙方及小包、工頭、材料商或製造廠。前第1項1、2款所規定監督付款之情形，如乙方不配合，甲方認為有急迫性之需要，並須立即完成部分工程項目之施工進度，否則有影響甲方利益時，甲方可逕行要求乙方小包或其他包商配合施工，乙方不得異議。

(五)乙方收到甲方同意辦理監督付款之通知後，應以書面向甲方申請，並將監督付款期間所請領之各期估驗計價工程款，在乙方所開具統一發票金額範圍內，附送依據與前述領款人達成協議簽章之支付明細表，由甲方代為支付該明細所載之領款人。

(六)監督付款於支付工程初驗合格估驗款後結束，如有剩餘款，則撥付乙方。

(七)監督付款辦理期間，如因乙方本身之債務，經法院通知甲方扣押工程款

七、契約管理計畫（Contract Management Plan）之準備

廣義而言，契約管理就是專案管理，因此在簽約前除了做好各類及招標及契約文件外，如何在契約簽訂後，好好順利地把契約之執行管理妥善，對業主機構及承包商而言，都是十分重要的課題。

契約管理之目標主要是希望在契約履行之過程中契約當事人間能夠互相合作、配合，以正確有效的方式使契約履行之結果能夠如期，如質符合雙方當事人之需求及並實現雙方當事人所預期之利益，並達到無爭議及無意外的境界。

(一)根據上開之理念，筆者認為一個完善的契約管理計畫，應該從管理「人」，管理「事」二個方面著手。

1.就管理「人」，此一方面來說，筆者建議契約管理計畫應要有：

(1)使契約雙方當事人均能明白瞭解雙方目標及需求之做法。

(2)明確訂定專案人員之「角色及工作職責」（Role and Responsibility），並使所有的專案人員均明白瞭解。

時，甲方應依扣押命令之扣押金額優先扣留乙方已完工部分之工程款，如因扣留工程款而影響監督付款時，即予停辦，其後果及一切責任均由乙方及其保證人自行負責。

(3)明確訂定契約執行中所有專案相關人員之溝通方式及程序流程，並明確訂立契約執行中有關各項工作之審查、核準之程序。明確做好人力之安排及控制計畫，不論業主機構、承包商、次承包商及供應商均應確保有足夠之人力包括專業技術及管理人員，來支援契約之執行。

(4)明確訂立專案團隊更換人員之機制及程序，以確保契約履行之持續性。

2. 就管理「事」之方面而言，筆者認為契約管理計畫之重點，包括，但不限於：

(1)配合專案之財務計畫及安排，做好成本及資金的控管。

(2)建立衡量履約狀況之機制及方式。

(3)品質管理計畫。

(4)安全衛生環保管理計畫。

(5)施工計畫。

(6)採購、發包之策略及計畫。

(7)資訊系統（IT System）運用計畫。

(8)對各項工期、工序之安排及控管計畫。

(9)建立處理爭議糾紛之程序，並建立爭議或問題之預警（Early Warning）機制，以期儘早消弭問題及爭議。

　　(二)上述契約管理計畫，業主機構亦可與得標之承包商針對各項計畫項目來共同研討，並訂立出最佳及最有效率之管理計畫，自不待言。

八、起草契約條款、規格、圖紙及招標文件（Contract, Specification, Drawings and ITB Document）

(一)圖紙及規範／規格

　　許多業主機構往往均已備有各類契約條文範本，固然商業條款是規範契約當事人權利義務之重要文件，惟筆者認為，比起商業條款更重要的契約文件應屬「圖紙及規範／規格」（Drawings and Specification），大多數的工程契約，其法律性質上係屬承攬契約，依據我國民法第490條「稱承攬者，謂當事人約定，一方為他方完成一定之工作，他方俟工作完成，給付報酬之契約」之規定可知，承攬工程契約之要素之一即為「一定之工作」。而圖紙及規範／規格則為規定及實現雙方約定「一定之工作」之重要文件。

　　俗云「魔鬼藏在細節裡」根據筆者之經驗，許多工程之爭議往往是因為圖紙與規範／規格或圖紙、規範／規格與工程價目表等文件不一致、不清楚所造成的，因此筆者建議，不論係傳統設計後再施工之契約，或由承包商負責設計、採購及施工之統包契約，業主機構在準備契約文件時，一定要先將圖紙及規範（在統包契約中則要把業主需求）明白清楚

地草擬完畢，才會是契約不致出問題的第一步。

(二)何謂「規範／規格」（Specification），簡言之，就是契約「工作需求之陳述」（A specification is a statement of needs）其目的就是要很清楚、很完整地告訴承包商，業主對工程之需求以及如何達到該工程需求之做法。[7]

(三)惟有清楚完整之規範／規格，業主才可以據以衡量承包商之工作及其品質，業主機構在契約管理工作之初期，就應該由專案工程團隊中負責技術及負責發包／採購之專業人員負責草擬規範／規格。

(四)一個好的規範／規格，應該要包含以下重點：

1.列出完整、清晰而無矛盾不清楚之需求。

2.明白列出符合需求所應履行之工作之內容、品質及其成品所應達到之品質、功能及效用。

3.明白規定檢驗及驗收之標準及量測之方法。

4.不限定規格及不指定分包商，並使能符合業主需求之成品、方法及工作能在公開之市場以競爭之方式取得。

(五)另外，筆者建議，業主機構可以預先做出一套起草，審查規範／規格之「檢查清單」（Checklist），列出

7　P11, Contract Management Guide, R D Elsey October 2007, The Chartered Institute of Purchasing & Supply.

基本的項目，以做為準備檢查規範是否完整之參考。

又在草擬規範／規格時，一定要先明白工程所在國對專案工程之法規規定最低標準為何，法規之要求是強制性之規定不容契約當事人以特約之方式降低。又專案人員亦應對各式各樣或各個國家之「工程標準」（Code）要有清楚之認知，避免允許不同國家相互衝突或不一致之「工程標準」（Code）適用在同一工程或同一設備中。

如果專案工程並非統包工程，則在傳統施工標的發包方式下，如業主機構本身並非專業之工程單位時，則業主機構則必須嚴格要求其所聘請之設計顧問或專案管理顧問做好圖紙及規範之準備草擬工作；業主機構應明確要求設計顧問所製作之各類圖紙，應詳細足夠施工所需，避免設計顧問把許多其應做之工作在工程契約要求施工廠商辦理，造成困擾；據筆者之經驗，有業主機構將其設計工作發包給外國之設計顧問公司承辦，因國內外工程界對所謂的「細部設計」、「施工圖」之定義及做法有所差異，以致國外設計公司將國內工程人員認為應屬設計顧問公司之「細部設計」工作，轉而要求施工廠商來繪製，造成糾紛之案例也屢見不鮮，因此業主機構，除應嚴格要求其所聘請之顧問公司做好「規範」之起草工作外，對圖紙之要求亦應清楚明白規定在契約中。

(六)契約之商業條款

在有了詳盡的圖紙及規範並明白確定工作之需求之

後，業主機構即應依需求來準備契約之商業條款；當然有許多業主機構平日均已備有各類之契約條文範本，但筆者建議，仍應依據個案之需求，對固定之契約條文範本做必要之修改或調整；而應避免以不變應萬變的做法，務必將工作管理及契約策略的觀念納入契約的條文中，以期使契約條文能更趨完善務實以發揮將契約做為契約管理工作之重要指引的功能。

在草擬規範圖紙及準備契約條款之同時，一份完整清晰、適合專案特性並明確規定當事人權利義務的招標文件亦應由契約管理人員準備妥當。建議業主機構應當建立一份招標及契約文件之檢查表，以確保文件之完整且無遺漏。

(七)參酌國內外工程契約慣例及各類契約範本，招標及契約文件之內容有：

1. 招投標須知。
2. 契約主文。
3. 規範需求。
4. 圖紙。
5. 契約條款。
6. 契約條款主要條文及項目有：

   (1)定義條款。

   (2)契約文件及效力。

   (3)契約價金、價金之調整（Price Schedule, Price

Variation Mechanism）。

(4)計價及付款條款（Invoicing and Payment Term）。

(5)稅捐。

(6)履約／工程期限：開工、工期計算。

(7)展延工期之條件。

(8)材料、機器及設備之供應及管理。

(9)施工管理：包含工地管理、施工計畫及報表、工作安全及衛生、工地環境清潔及維護、交通維持、配合施工、工程保管、管理人員及施工組織、轉包及分包等。

(10)監工作業：包括業主人員組織及權限、報告申請之流程。

(11)工程品質：包括材料、工作之檢驗、品質管制、工程查驗。

(12)災害處理。

(13)保險。

(14)各類保證金及各類瑕疵擔保（Guaranty and Warranty）。

(15)驗收（Acceptance Procedures and Criteria）。

(16)保固責任／瑕疵擔保責任及期限（Warranty and Defect Liability Period）。

(17)權利及責任：逾期違約責任（Liquidated Damages）。

(18)損害賠償責任條款（Indemnity）。

(19)工程變更（Contract Change Procedure）。

(20)契約變更及轉讓（Amendment & Assignment / Novation）。

(21)契約終止解除及暫停執行（Contract Termination and Suspension）。

(22)爭議處理（Dispute Resolution Procedures and Mechanism）。

(23)保密（Confidentiality）。

(24)智慧財產權（Intellectual Property）。

(25)通知（Notice）之方式。

(26)準據法（Governing Law）等。

7. 各項作業規定（Operation Procedures），例如文件傳遞、保管、分享之程序。

8. 業主自行提供材料及機具設備（Free Issue Material / Equipment Schedule）[8]。

9. 當然在招標文件中，業主機構可視個案情形設計各式各樣之表格供投標廠商填寫，自不待言。

---

[8] 參考FIDIC之1992年系列各項工程範本及國內外政府工程／財務／勞務採購契約範本。

九、建立及進行招標程序（**Tendering Procedure**）

　　業主機構在草擬完契約及招標文件後，接下來重要的工作就是要建立及進行招標程序，在招標程序中重要的目標就是要選擇良好、有能力及有信譽之廠商，所以如何對廠商做「**資格預審**」（Pre-Qualification），如何「**評估廠商**」（Appraising Contractor）及如何進行招標程序，即為在此階段重要的工作。

(一)廠商資格預審（Pre-Qualification）

　　在許多標案中，可能業主機構與廠商彼此都很陌生，因此針對市場上有興趣或有能力之廠商，有經驗之業主機構往往會建立一套預審機制，以便從正式或非正式之管道得到廠商之資訊，其中較常見的方式，就是製作一份資格預審之問卷（Pre-Qualification Questionnaire），從廠商自行提供及回答之資料中去對廠商進行瞭解。在此階段，業主機構主要希望獲得廠商基本資料，包括財務能力、履約能力及以往之實績經驗等。

　　1.一份資格預審之問卷，以國際統包工程為例，其主要之內容、項目及問題有：

　　(1)業主機構首先會對寄送問卷之目的做一說明，並對欲招標之專案工程做一描述及簡介。

(2)明確告知廠商對專案統包工程之主要責任及義
　務。

(3)明確告知廠商應如何提供資料、文件、填寫問
　卷。

(4)如廠商對問卷之內容或填寫有問題時，其聯絡之
　人員窗口及聯絡方式。

(5)廠商必須提供之正確事實及資訊，包括，但不限
　於：

　①廠商公司名稱及其股東、負責人名稱、其母公
　　司或子公司之狀況，包括在一定期間內有無重
　　大股權變更之資料。

　②廠商平日之業務範圍及經營事業。

　③廠商之工程實績及工程經驗（可規定一定期間
　　內之工程實績及經驗）。

　④以往工程實績及工程經驗之所在地區及國家。

　⑤財務能力，提供詳細之財務報表。

　⑥以往施工之安全衛生或職業災害之紀錄。

　⑦廠商全球之工作據點之狀況。

　⑧廠商投標之型態，廠商單一投標或與其他廠商
　　聯合承攬（如為聯合承攬則針對聯合承攬中每
　　個成員做調查及問卷）。

　⑨在本工程所在國有無代理商或贊助支持公司

（sponsor）[9]。

⑩針對以往完成之工程有無任何可供查詢之公司及人員（客戶之reference）。

⑪廠商公司之組織及人力配置，包括總公司（行政部門、業務部門、工程部門）及全球各工作據點之人員數目及人員資歷說明。

⑫廠商平日有無外部顧問之資訊。

⑬廠商平日往來金融機構／銀行之名稱及主要聯絡人資訊。

⑭廠商可以提供各類履約保證金之額度及能力（最多可提供多少額度之能力）。

⑮廠商執行工程之計畫（Project Execution Plan），包括：整體執行計畫（Overall Execution Plan），專案執行計畫（Project Administration Plan），專案控制計畫（Project Control Plan），設計計畫（Engineering Plan），採購及物料管理計畫（Procurement and Material Requirement Plan），品質保證及管控計畫（Quality

---

9　在許多中東國家，如沙烏地阿拉伯，欲在其境內營業，一定要找一家當地公司做爲其贊助支持公司（sponsor），而外國公司必須每年支付一筆可觀的sponsor fee給該贊助支持公司（sponsor）。

Assurance & Quality Control Plan），施工計畫（Construction Plan），預試車、試車及開車營運計畫（Pre-Commissioning, Commission & Start-Up Plan）等。

⑯安全衛生環保計畫（Health Safety and Environment plan）。

⑰廠商近年來訴訟／仲裁爭議之狀況。

⑱資訊支援系統（IT Support System）。

2. 另外，通常業主機構會在問卷後，附一份要求廠商聲明所提供資訊保證正確無誤之切結書，以茲愼重並加重廠商誠實聲明之法律責任（詳附錄二「**承包商資格預審問卷範例**」）。

3. 除了上述之問卷資料外，筆者認爲業主機構尚應該建立評估廠商承接契約能量之機制，換言之，業主機構應評估同一廠商在同一期間內可以承做消化工程量之能力，避免同一廠商在同一期間因工作量太多致造成財務周轉不靈或人員機具調度困難或無法如期取得其他資源之困境，並更要避免承包商以惡性競爭，以案養案之情形發生而影響專案工程契約之履行。

4. 如果業主機構能夠確實執行上述問卷資訊之取得及確認程序，筆者相信必可減少空頭紙上公司及借牌掛靠之情形發生。而在國際工程市場中，對大型之工程專

案或BOT工程，銀行融資與否，會直接影響該工程專案或BOT工程能否順利進行，而銀行在確保工程專案或BOT工程能否順利進行之前提，就是必須有一個良好、有能力及有信譽之承攬廠商來執行該工程，而此因素往往也是同意融資之重要條件之一。對廠商而言，廠商必須要認知其誠實提供文件資訊之責任及義務以及不誠實之法律結果。

十、評估投標廠商（Appraising Tender）

(一)在業主機構獲得投標廠商之預審資料後，即應對投標廠商進行評估作業；此項評估作業十分耗費時間及人力，但筆者建議，業主機構必須儘量在可能之能力範圍內，做好此項評估工作以確保能夠選擇到有能力之優良廠商。根據預審作業所得到之資訊，業主機構必須評估衡量之重點有：

1. 投標廠商之法律地位及法律能力（Legal Capacity），確保投標廠商具有法人資格及合法進行此工程之能力，此部分亦可藉由律師來進行。
2. 投標廠商之財務能力，信用評等，此部分工作尚可藉助信評公司來進行。
3. 施工／生產能力是否足夠。
4. 施工機具、設備及設施，是否足夠專案之需求。
5. 人力資源，是否有合格熟練之技術人員及勞工，公司

訓練計畫，勞資關係等均是評估衡量之重點。

6. 品質管理之制度及系統。

7. 以往施工履約之狀況。

8. 公司社會責任（Corporate Social Responsibility，CSR），公司治理之狀況。

9. 資訊管理技術能力，是否有足夠之IT系統來支援專案工程之所需。

如果業主機構能詳予評估上述項目，相信投標廠商之優劣自然較易得知。

(二)在做投標廠商之評估作業時，筆者建議可由業主之專案團隊組成一個小組來做評估，當然可視實際專案之情形，再加入相關之人員，共同作業。當然如業主機構本身人力或經驗不足時，在經費之許可範圍內，自可委託第三方獨立公正之顧問評估機構來負責此項作業，自不待言。

至於評估之方式，除了根據投標廠商所提供之文件做書面審查外，另外實地查核也是常用之方式，亦即前往投標廠商實際施工之工地或其辦公室做實地之查訪，從近距離之接觸實際去感受瞭解投標廠商工作人員之態度及專業度，並測試廠商工作人員對專案工程之瞭解程度，以及對工地之實際管理情形及工作環境之氛圍等。有時往往會從一些實地看到的細節，例如工地之整潔、動線之規劃、材料之存量及工安設施等即可初步瞭解一個廠商之好壞。

　　但業主機構人員做實地查核時，切記不要被廠商製作精美之簡報或口才所迷惑，一定要切實深入瞭解。

　　惟以目前國內公共工程招標程序而言，業主機構往往只會針對投標廠商所提出之書面文件，如實績、財務報表等做書面審查，鮮少做實地審查，而在有利標的情形，評選委員會之委員有一半以上均為業主機構以外之外部專家學者，但專家學者是否真能藉由十到二十分鐘的簡報及一份為標案量身訂做之簡報或服務建議書就能確實瞭解投標廠商之履約能力，筆者實抱持懷疑的態度。

　　(三)有關投標程序之設計及進行，業主機構一定要秉持公開公平公正之原則，建立一個透明之程序。在世界各國，甚或歐盟，如涉及公共工程，都有一套法定的程序規定。[10]

　　一般而言，業主機構應依法令在招標文件中明白規定收發投標書之程序，開標之程序，審標程序及疑義澄清的程序。業主機構可依專案工程之需要或契約策略採取一段標或兩段標之方式，或採取最低標（Lowest Price）或有利標（Most Economically Advantageous Tender）。但總括而言，從收受廠商投標文件以及開標過程中對標封之拆閱等細節一定要鉅細無遺地在招標文件中規定，並一定採取公正透明之程序，方能取信於廠商，不致發生任何爭議。

---

10 臺灣有「政府採購法」，中國大陸有「投標招標法」，在歐盟有「EU Procurement Directives」。

　　(四)在招標過程中，針對廠商對招標文件或契約條款所提出澄清或疑義（Clarification），業主機構一定要站在對所有投標廠商一視同仁的立場，做出合理之解釋或澄清，並在時限內公告或通知所有投標廠商，使所有投標廠商能在公平之基礎上投標，此為投開標程序中應注意之處。

　　(五)又在許多工程案件中，如果業主機構擬招標之工程，其相關設計或製程涉及到某些授權廠商（Licensor）之「專業知識」（Know-How）或智慧財產；又如係國家軍事機密工程，則業主機構在發出招標文件給投標廠商前，一般均會要求投標廠商簽署一份嚴格之保密協議書，而此保密協議書中通常會規定：1.保密義務當事人；2.保密標的內容；3.保密義務之範圍；4.保密標的與義務之除外事項；5.保密契約終止與保密義務年限；6.違約處理；7.紛爭解決條款等重要項目，以確保投標廠商得標前及得標後之保密責任及義務。

　　對業主機構而言，簽署一份保密協議書，要求承包商以及其員工、下包商、供應商等負擔保密責任固然重要，但在契約管理上，更重要的是如何確實做好保密措施才能達到保密目的；因此業主機構除應詳查承包商之資訊安全管理系統外，並應建立相關保密之措施，例如對電腦之使用管制，資訊之複製、散布、保存之管制細節等均應有詳細之規範及做法。

　　而在許多工程契約中，往往承包商之保密義務係一種在工程完工驗收結算後均仍應被遵守之「存續義務」（Survival Obligation），此點業主機構及承包商均應有清楚地瞭解。

　　如果業主機構是一個經常會辦理招商之單位，為避免在特定單一工程個案中，對眾多之承包商或供應商會有遺漏簽署保密協議之疏忽，筆者建議，業主機構平日在做廠商資格登記時，就可準備一份概括式之保密協議，要求凡是承包商將來承做業主機構之任何工作，均應負保密之責任及義務，如此可避免遺漏簽署個案保密協議之問題產生。此種做法，亦可適用於大型承包商在辦理分包或採購工作中，自不待言。

十一、議約協商與決標訂約（Negotiation & Awarding the Contract）

　　(一)在經過審慎之招標程序及廠商評選之程序後，業主機構就應決定那一家投標廠商為得標廠商。但有時業主機構會在招標程序及簽約前再找廠商來再做一次議約協商，以取得更佳之契約條件。依據CIPS之定義，此類議約協商稱之為「Post-Tender Negotiation, PTN」[11]。

---

11 P22, Contract Management Guide, R D Elsey October 2007, The Chartered Institute of Purchasing & Supply. "CIPS defines PTN as 'negotiation after receipt of formal tenders and before the letting of contracts with suppliers / contractors

　　但在實務上，筆者認為此類議約協商之工作要十分小心使用，避免以不誠實、違反商業倫理之做法影響到招標程序之公平性，以及破壞投標廠商對業主機構之信賴。常有私人業主機構在採購或發包時，以甲投標商之價格去殺乙投標商之價格，然後再以乙投標商之價格去殺丙投標商之價格，然後再回頭以丙投標商之低價格去和甲投標商砍價，凡此種種議約協商之方法，恐怕幾次以後，業主機構之惡名一定遠播，勢必影響以後之採購及發包工作以及再難獲得優良誠信廠商青睞。

　　在我國政府採購法中亦有「協商」機制之規定，在最低標之情形下，如招標公告或招標文件內有預告者，並報經上報機關核準時，如廠商投標比減後之價格仍超過底價而無法決標時，得採協商措施；再依政府採購法第56條之規定，如係採最有利標者，如評選結果無法依機關首長或評選委員過半數之決定，評定最有利標時，得採行協商措施，再作綜合評選，評定最有利標。而依採購法第57條之規定，協商之原則有：

　　1. 開標、投標、審標程序（此審標程序包括評選及洽個
　　　　別廠商協商之程序，但不包括採行協商措施前之採購

submitting the lowest acceptable tender with a view to obtaining an improvement in price, delivery or content, in circumstances which do not put other tenderers at a disadvantage or affect adversely their confidence or trust in the competitive system'".

作業）及內容均應予保密（決標後應即解密，但有繼續保密之必要者，不在此限）。

2. 協商時應平等對待所有合於招標文件規定之投標廠商，必要時並錄影或錄音存證。

3. 原招標文件已標示得更改項目之內容，始得納入協商，而得更改之項目有變更時，業主機構應以書面通知所有參與協商之廠商。而參與協商之廠商依據協商結果重新遞送之投標文件，其有與協商無關或不受影響之項目者，該項目應不予評選，並以重新遞送前之內容為準。

4. 業主機構要明白通知所有參與協商之廠商，如其未依業主機構之要求在規定期間內參與協商、重行提供遞送投標文件之效果。

(二)而業主機構採行協商措施，尚應注意下列事項及作業：

1. 列出協商投標廠商之待協商項目，並指明其優點、缺點、錯誤或疏漏之處。

2. 擬具協商程序及議程。

3. 參與協商人數之規定及限制。

4. 參與協商人員之授權。

5. 慎選協商場所及妥善安排座位。

6. 保密措施之執行。

7.與廠商個別進行協商之安排。

8.不得將協商廠商投標文件內容、優缺點及評分等資訊透露於其他廠商。

9.妥善作好協商紀錄之製作及保存。[12]

上述協商之原則，亦可供民間業主機構之契約管理人員參考。

(三)在招標決標及協商程序後，業主機構下一個重要的工作就是辦理決標之通知及訂約之工作。在決標及訂約之階段，業主機構重要的工作有：

1.以書面通知得標廠商：此書面之通知內容必須清楚，並明確告知得標廠商在簽約時應配合之事項及應辦理之事項，例如保證金之提供；公司文件證照或法律意見之提供等，此書面通知文件應由得標廠商簽署乙份交還給業主機構，以茲慎重及確認。

2.以書面通知未得標廠商。

3.如係公共工程，依各地區之規定，尚須刊登於相關之政府採購公報。

(四)業主機構在決標並通知得標廠商時，有幾件事宜提早與本身專案團隊及得標廠商相互確認：

1.業主機構必須確認相關之專案團隊成員及得標廠商是

---

12 請參考我國政府採購法第53條至第57條，及政府採購法施行細則第76條至第78條之規定內容。

否均已明確瞭解本身在本專案工程所應扮演之角色並
確實瞭解本身之職責及權利義務。

2.業主機構和得標廠商之間有關契約管理之程序是否業
經雙方同意肯認。

3.如果備標／招標之團隊與將來執行工程專案團隊成員
並非同一,則必須確實做好移交的工作。

4.如果專案工程係同一工程之後期工作,則必須做好前
後期新舊廠商無縫交接的計畫與步驟,確保專案工程
之持續順利進行。[13]

(五)為了增進業主和得標廠商之間的溝通並確保相互間
對專案工程及契約之共識,可建議業主機構於通知得標廠商
得標時,同時召開一個「彙報」(Debrief)會議,以促進
相互間之瞭解及關係之建立。

至於業主機構是否應同時對未得標廠商舉辦個別之
「彙報」(Debrief)會議,CIPS認為如果可以有效地告知
未得標廠商其未得標之原因並告知未得標廠商未來須改進及
配合之處,相信必可保持未來之合作關係。但CIPS建議,
此類會議必須採取有建設性及開誠佈公之方式去討論問題,
避免淪為辯解為何未決標給未得標廠商的一種會議,且更應

---

13 P24, Contract Management Guide, R D Elsey October 2007, The Chartered
Institute of Purchasing & Supply.

避免在彙報會議後，又做出改變決標之決定。[14]

　　然筆者認爲要做到這一點，必須是所有招標程序，如本書第一章所述，是一個公開、公正、公平的程序，否則稍有不愼，即會發生影響業主機構之信譽並造成未得標廠商喪失對業主機構之信心。

　　(六)業主機構在與承包商簽署專案工程契約時，應注意下列事項：

1. 確認要簽署之契約文件中確係雙方正確合意之文件，避免遺漏或錯誤，通常可建議業主機構和承包商各派契約管理人員，就契約文件逐頁加以確認核對，並在每頁尾上簽名證明文件係雙方合意之文件，以昭愼重。[15]

2. 要審視代表雙方簽署契約之代表人之合法授權性，此時一份經公證及認證且有明白授權之「授權書／委任書」（Power of Attorney），將應由雙方契約管理人員所審視及確認。

3. 依法律之規定繳納相關之印花稅或規費，而依某些法域或地區，相關之工程契約尚須向政府主管機關報

14　P24-25, Contract Management Guide, R D Elsey October 2007, The Chartered Institute of Purchasing & Supply.

15　一般國際契約中，均常見「全部約定」（Entire Agreement）之條款，即契約雙方約定，凡本契約所約定者始爲雙方之約定，而簽約前雙方任何之協議或陳述但未約定在本契約中者，均不拘束雙方。

備。

4. 如係國際之工程契約，因為節稅之故，有時會將整體工程之工作範圍區分為境內和境外兩份契約。[16]此時業主機構和承包商尚須就境內外契約工作範圍及相關細節之劃分及確認達成共識，此不可不知。

5. 簽署後之契約正本之歸檔及保管，亦是契約管理重要工作。

貳、簽約後及履約階段之工作（Downstream or Post-Award Activities）

根據CIPS Contract Management Guide之說法，在簽約後履行契約之階段，對業主而言，契約管理主要的工作分為三大類，一為履約的工作管理，換言之即所謂「服務交付之管理」（Management of Service Delivery），以EPC統包工程而言，業主即必須妥善管理統包商之設計、採購及施工之工作，確保其能如質、如期完成。其中又包括契約變更之管理，大規模的工程其會造成變更的原因甚多，而變更又會直接影響到「成本」、「工期」、及「責任」等，故如何管理變更對業主及統包商而言，均是十分重要的工作。

其二為「關係管理」（Management of Relationship），

---

16 詳本書附錄一「國際EPC工程契約之實務探討」一文。

亦即業主和統包商之間如何創造一個良好的關係，促進履約之效率，也是必須注重的一項工作，此「關係管理」之原則，筆者將於第五章中另行論述；其三則為契約行政工作之管理，也就是契約履約過程中，對契約各項活動之日常管理工作。[17]

在國際工程之實務上，有一些專案管理顧問，會依據契約條款之規定，將為執行該條款之工作詳細列出，做為執行日常契約管理工作之控管參考，例如針對「開工」之契約規定會列出開工前必要之準備之工作，將必須提送審核之文件工作項目逐一列出；或針對「付款」之契約規定，詳細列出請款、付款之流程及應提送之文件等工作項目，做為控管之依據。

因業主和承包商對契約管理工作之進行，對專案工程而言，是一體之兩面，故如本章（第三章）開始所述，針對業主簽約後及履約階段之契約管理工作，筆者將參酌CIPS之分類，就業主契約管理之工作做原則性及理論性之闡述，而針對承包商之契約管理工作，筆者則將根據以往之實務工作經驗，在第四章中以「設計採購施工」（EPC）統包商之立場，針對簽約後履約階段之契約管理工作及活動，依契約重要條款之規定，逐一做系列地介紹。

17　P25-29, Contract Management Guide, R D Elsey October 2007, The Chartered Institute of Purchasing & Supply.

一、服務交付的管理（Service Delivery Management）

此項管理工作可能是專案管理及契約管理的基本面，也就是要確保承包商所交付之工作均係符合契約所規定之品質及價格，並且符合業主之需求或目的。

對業主而言，其專案工程團隊是否有評估衡量承包商工作及履約結果之能力是做好成功契約管理之重要因素。[18]

針對如何評估衡量承包商之工作能力及履約結果之機制，其實應該在設計契約或草擬規範時就應該把這些機制設計在契約及規範之規定中，才是上策。

而在此部分管理之工作，業主亦可依照在簽約前即發展出之契約管理計畫（Contract Management Plan）來執行，其重點可參考本章前述「工程案件之提出及簽約前之工作」中「七、契約管理計畫」（Contract Management Plan）之內容。

又針對業主對承包商工作之管理，依據日本 Engineering Advancement Association of Japan（ENAA）所製訂之國際契約（International Contract）之標準格式（ENAA Model Form）可知，ENAA將專案工程之管理及協調（Project Management & Coordination），分成三大

---

18 P27, Contract Management Guide, R D Elsey October 2007, The Chartered Institute of Purchasing & Supply.

區塊，分別為工程協調（Project Coordination）、時程管制（Schedule Control）及品質管制（Quality Control），而每一區塊之工作均係從設計（Design & Engineering）、採購（Procurement）、運輸（Transportation）、施工建造（Construction）、試車（Commissioning）等幾個階段來分別管理，ENNA並制定了「十個工作程序」（Work Procedure，簡稱WP），該等工作程序提供了工作流程所需之各類表格及模式，並提供統包工程製程所需適用之工作程序以及為業主及統包商相互組織間適切工作之工作程序。其所列出之十個工作程序（Work Procedure）為：

WP1 Correspondence Procedure（文件管理程序）

WP2 Payment Application Procedure（付款申請程序）

WP3 Approved and Review Procedure（核准及審查程序）

WP4 Works Change Procedure（工作變更程序）

WP5 Procurement Procedure（採購程序）

WP6 Expediting Procedure（趕工／催貨程序）

WP7 Shop Inspection Procedure（工場監造程序）

WP8 Field Inspection Procedure（現場監造程序）

WP9 Progress Report Procedure（進度報告程序）

WP10 Commissioning and Performance Test Procedure

（試車及性能測試程序）

　　上述ENAA之相關工作程序，值得業主在管理專案統包工程時要求承包商遵循之參考。筆者僅擇幾個和契約管理工作較密切之工作程序，做一簡要的介紹如下：

(一)在WP1 correspondence procedure（文件程序）中：

　1.主要係規範業主和承包商之間溝通方式。

　2.當然業主和承包商間之溝通方式主要係約定在契約中「通知」（Notice）條款中，然因通知條款在契約中可能未必詳盡。

　3.因此業主和承包商之間即有必要針對「correspondence」之種類加以規範；在此工作程序中，有關correspondence之方式包括了：

　　3.1書信，傳真（facsimile），電報（cable）

　　　(1) 格式

　　　(2) 寄送之方式

　　　(3) 寄送影本後＿＿＿＿日內正本應寄出

　　3.2電子資料交換（Electronic Data Interchange）（EDI）

　　　(1) 電腦硬體和軟體

　　　(2) 通訊之規則

　　　(3) 事後書面之確認

　　　(4) 如何防止電腦病毒

3.3會議紀錄（Minutes of meeting）

(1) 何人準備會議紀錄

(2) 會議紀錄之格式

(3) 持續數天之會議如何記錄

(4) 會議紀錄之簽名

3.4備忘錄（Memorandum）

(1) 如何傳遞文件

(2) 回覆文件之時限約定

(3) 建立文件溝通管制之日誌（communication log）

(4) 文件追蹤管制表（correspondence follow-up sheet）之建立與執行

(二)在WP2 Payment Application Procedure（付款申請程序）中：

1.建立契約付款之程序

2.

2.1提出付款之申請時應檢付之申請書及相關證明文件

2.2申請付款文件之份數

申請付款文件之收件人

外幣部分：

本地貨幣部分：

2.3申請文件應由何人簽署

2.4申請文件之格式

2.5銀行帳戶（支票）

2.6匯費之負擔

3. 合約金額_____

外幣金額_____

本地貨幣金額_____

合約金額之細目_____

4. 外幣部分之細部程序

4.1預付款

4.2專利費／權利金（License fee）

4.3外購材料費

　(1) 裝船

　(2) 收貨

4.4設計費及訓練費

　4.4.1設計費

　　(1) 設計工作完成時

　　(2) 驗收時

　4.4.2建造費

　　(1) 估驗款／依階段付款／保留款

　　(2) 完工驗收時

　4.4.3訓練費

(1) 依約辦理時付款

(2) 依階段付款

(3) 完成驗收

5. 本國貨幣之細節部分程序

5.1 預付款

5.2 本地材料

(1) 估驗款

(2) 收貨

5.3 設計費，施工費及訓練費

5.3.1 設計費

(1) 工作完成階段之費用

(2) 完成時

5.3.2 施工費

(1) 估驗費／依階段付款／保留款

(2) 完工時驗收款

5.3.3 訓練費

(1) 依約辦理時付款

(2) 完成時之付款

6. 工程變更時之付款

6.1 一般性約定

6.2 預付款

6.3 生效日

(1) 簽署變更命令時

(2) 簽署變更協議時

(三)在WP3 Approval and Review Procedure（文件審查及程序）中：

1. 文件審查及程序

2. 一般程序

2.1文件分類：核准（Approval）、審查（Review）及參考（Information）三類。

2.2業主應指派核准及審查文件之授權人員。

2.3文件上應標示「供核准」、「供審查」、「供參考」。

2.4業主應收到文件後＿＿＿日回覆承包商，並註明「核准通過」、「附條件核准」、或「審查」，「附條件審查通過」。

2.5業主應明確告知其意見及理由，承包商應研究澄清業主意見並採取相應措施。

3. 詳細程序

3.1核准（Approval）

3.1.1核准代表業主正式同意文件已符合契約規定。

3.1.2階段性核准（Stage approval）

重要的文件及圖紙將依階段循序核准。例如：

(1) 計畫

(2) 設計

(3) 建造所簽發之文件

3.1.3附條件核准

(1) 承包商應在施工前，將文件修改並重新送請業主確認。

(2) 承包商可藉由與業主會商去取得意見之澄清解釋，如發生爭議得藉助專家解決。

3.1.4不核准

(1) 業主告知承包商理由。

(2) 承包商修改文件，重新提送，承包商不同意修改或有爭議時，得藉助專家解決。

3.2審查（For review）

(1) 如文件係屬供業主審查應依規定送業主審查。

(2) 承包商應研究澄清業主之意見

a.如承包商同意業主之意見，則應將業主意見修入文件中。

b.如承包商不同意業主意見，則應告知業主，並得針對無意見部分先行施工。

3.3供參考（For information）

承包商依契約規定可將參考文件送交業主參考。

(四)在WP4 Work Change Procedure（工作變更程序）中：

　1.一般性規定

　2.變更之定義：如契約約定

　3.變更之程序

　　3.1由業主發起之變更

　　　(1) 變更建議書之要求（Request for change proposal）

　　　　業主應依契約格式提送變更建議書之要求給承包商。

　　　(2) 變更建議書之估價（Estimate for change proposal）

　　　　承包商應提供變更建議書之估價供業主審查接受。

　　　(3) 估價之接受（Acceptance of Estimate）

　　　　如業主同意承包商之估價，則應以書面通知承包商並要求承包商提出變更建議書。

　　　　如業主不同意承包商之估價，則業主應通知承包商重新提送估價。

　　　(4) 變更建議書（Change Proposal）

　　　　a.接獲業主之變更建議書之要求後承包商即應提送變更建議書（change proposal）給業主。

　　b.如承包商認爲無法在時限內提送變更建議書
　　　時，應立即告知業主其理由及預計提送的時
　　　程。

　　c.變更建議書應包含：

　　　(i)變更之簡述

　　　(ii)對工期之影響

　　　(iii)變更所需之費用及成本

　　　(iv)對保證之影響

　　　(v)對契約其他條文之影響

　　d.工作之成本費用

　　　(i)契約中之單價及價格

　　　(ii)與變更相類似之價格或單價

　　　(iii)雙方合意之價格及單價

(5) 變更之異議

　　a.重大變更（Cardinal change）

　　　超過合約金額＿＿＿＿＿％之變更。

　　b.如承包商對變更提出異議，則業主接受並撤
　　　回變更之要求。

(6) 變更命令（Change Order）

　　a.業主和承包商應對變更建議書達成合意。

　　b.如業主無法簽發變更命令，應儘速以書面通
　　　知承包商。承包商在接獲變更命令時，應儘

　　　　　速簽署並交還業主。

　　(7) 如業主和承包商無法就工期或價格達成協議，
　　　　業主可指示承包商先行施工，相關爭議另行處理。

3.2 由承包商發起之變更

　　(1) 變更建議書之申請（Application for change
　　　　proposal）

　　　　承包商可檢附理由向業主提出變更建議書之申
　　　　請。

　　(2) 變更建議書申請之接受或拒絕

　　　　如業主接受，則業主應要求承包商提出詳細之
　　　　變更建議書。

　　　　如業主拒絕，則業主應告知承包商。

　　(3) 其餘事項比照前述由業主發起之變更之規定辦理

3.3 變更命令之管制表（Change order log）

　　承包商應製作並隨時更新維持一份變更狀況之管
　　制表。[19]

二、工程變更之管理（Change Management）

　　在大型之專案工程中，工程變更是難以避免之一項工
作，工程變更往往會產生工程款增減、工期延長及責任變動

---

19 Volume 4, 1992 Edition, ENAA MODEL FORM, INTERNATIONAL
　CONTRACTT, WORK PROCEDURE. Engineering Advancement Association
　of Japan (ENAA).

三個結果，對業主及統包商之權利義務均有影響，如未能謹慎處理，往往易招致爭議及糾紛。

　　因造成工程變更之原因甚多，有因業主之原因，亦可能是現場狀況和設計不符所造成，亦可能是由承包商所提出；因此，建議每一個業主之專案團隊都應建置一個契約變更之管理程序（Change Control Procedure），詳細規範各種不同原因所造成變更之工作流程及其處理方式以及應由何人負責，以便能夠順利執行變更之工作，避免引起糾紛及時程之延誤。

　　而每一項變更工作產生後，如何追蹤管理，如何要求承包商提出建議，如何由業主及承包商針對變更達成變更工程價款、工程時程調整及相關責任之協議，並做成契約修正文件。每一個步驟均應要有詳細及嚴密之控管，才不致使契約執行因變更而產生爭議及問題。有關「工程變更」之詳細敘述，可參考拙著《工程契約法律實務》（元照出版，2008年10月）一書。

三、契約行政管理（Contract Administration）

　　在履約契約期間，每日之行政及文書之管理工作，其實亦扮演極其重要的角色，也是契約管理人員的一項重要工作。

　　此部分之工作，可以從各類文件之收發、處理、發文

及存檔開始，契約管理人員必須要建立一套完整之機制及文件管理系統，做到妥善保存所有履約文件（Keep Good Record）之目標。

　　針對履約所需之各種報表及其格式，業主之契約管理人員一定要製定一套明白清楚之報表格式，明白敘述各種報表之種類及功能，以及所應提交之期限等，供承包商及相關之工作人員遵循。切莫由承包商、次承包商、供應商在同一事件上各自使用不同之報表格式，造成權利義務及工作之混淆。而針對記錄契約實際工作之各項文件，如日、週、月報表等，因實務上，常是由承包商撰寫而由業主審核蓋章，因各類報表，往往在日後會做為履約工作（actual work）之證明文件，因此業主人員一定要對承包商所製作之各種記錄實際工作之報表，詳予審查，如有不實，一定要加以更正，避免馬虎簽認，影響紀錄之真實，而影響權益。

　　而如果在工程進行中，業主提供材料設備給承包商使用時，業主契約管理人員更應做好一套提供材料／設備之相關登記清冊；嚴格管理承包商領用材料／設備之時候、數量及使用之情形，以避免超用及浪費，並確保承包商使用後會如期歸還等細節。

　　此部分契約管理工作，不限於上面所述之工作，且實際日常工作瑣碎繁雜，但對權利義務影響重大，故業主契約工作人員必須有耐心，按部就班地做好相關之工作。

四、風險管理（Risk Management）

在招投標階段，不論業主或承包商均應做好事前之風險辨識，評估之工作，已如本章前述；而在專案工程執行階段，除了應隨時注意風險發生及預防外，在發生風險時，則必須做好風險之管理及控制工作，以避免風險擴大，危及專案工程之進行，造成時間及金錢之損失。

在執行專案工程契約之階段，常見之風險有：

(一)承包商發生履約能力不足之情形，常見之情形有，但不限於：

　　1.財務不佳、周轉不靈，造成次承包商、材料商及工人不願意工作。

　　2.發生缺乏足夠人力之情形。

　　3.技術能力薄弱，影響工程進行及品質等。

(二)因工程變更，造成工序失序、時間延長、成本增加，或利潤減少，致承包商遭受損失，影響履約意願。

(三)因可歸責於承包商之事由或其他不可歸責於當事人之事由，例如民眾抗爭等，致影響工作，造成工期遲延。

(四)承包商之組織變更，或因組織合併、分割致使契約必須轉由第三人繼受。

(五)承包商之專案工程團隊重要成員被更換，後繼之人無法立即接手，影響工程協調及進行。

(六)市場發生情事變更致使成本大幅增加。

(七)工程發生意外災害或不可抗力之情形。

　　筆者建議，業主機構不能在風險一發生時，就把所有風險及問題以「依爭議處理解決程序」做為唯一解決之方式；而應指派相關之團隊人員去詳細瞭解風險事件發生之原因，然後仔細評估那一種方式對解決或減輕風險才是最好之方式。以承包商之財務能力不佳為例：業主應仔細瞭解承包商財務不佳之原因，是否可以採取「監督付款」或其他不違法但便宜之措施協助承包商，助其暫時渡過難關，很可能仍可使工程再步回正軌。

　　如果一開始，就嚴格指責承包商，然後依約止付任何款項，如此必使承包商之財務狀況更加惡化，造成惡性循環，導致解約及爭訟之後果，使工程更無法完成，而最後損失最重的仍是業主。而業主在發現承包商有工作不力或工作發生瑕疵時，而欲將工作收回自辦或代為處理時（Back Charge），則要切記契約或法令之規定，履行必要之通知催告、限期改善之程序，並做好缺失工作之證明工作，而針對代為處理之費用，更應做好缺失補正工作之成本及支出憑證之勾稽或成本分立（cost allocation）證明工作，以做為將來求償之依據。

(八)故在風險之管理及控制上，對業主單位，筆者有幾點建議：

1.根據風險之種類，責成專責人員處理。

2.充分瞭解風險發生之原因。

3.與承包商共同檢討，找出最適切最公平合理解決及減輕風險之方式。

4.在執行工程初期，就建立「預警」（Early Warning）制度，以期預防風險之發生或早日加以防範。

5.對風險之分配要採取合理公平之分配方式，業主切莫將應負之風險均轉由承包商負責；要求承包商承擔過多之風險成本，很可能會造成風險反彈，反讓業主承擔承包商無法順利履約之風險。

6.業主切莫以「爭議處理」做為唯一解決風險及爭議之手段。

五、契約結案之管理（Contract Closure Management）

專案工程契約必須辦理結案作業之時機，一般而言，會有兩種情形，一為契約因種種理由被提前終止或解除之結案，另一個情形則為契約所有之工作均已被履行完畢之結案。

不論是那種情形之結案，均建議業主機構要製訂一份結案作業之程序（Contract Closure Procedure），供專案工程團隊人員於辦理結案作業之依據，該結案作業程序之重點有：

(一)針對契約提前終止：

1. 終止契約之理由是否充分，是否有足夠證據。

2. 是否有依契約或法律規定簽發相關之催告通知。

3. 是否對已完成工作之項目或數量做詳細之清點。

4. 是否對已完成之工作品質做好檢驗查核之工作。

5. 是否做好工程款及費用損失及罰款之結算。

6. 是否將未付工程款、保留款及履約保證金依約妥善處理。

7. 是否做好工地之管制及保全之工作，避免承包商進入工地破壞或將屬於業主之物料或財物運離。

8. 有無任何次承包商或材料供應商可繼續留用，如有，則相關承接之方式是否辦理。

9. 是否立即辦理重新招標之程序，立即找到適合之承包商承接未完成之工作，使成本及時間之損失降至最低。

10. 有無做好爭議之準備工作，或在法律規定之時效或在契約規定之時限中提出索賠之要求。

11. 如業主為政府機關，有無按照政府採購法相關規定，為相關之行政處分等。

(二)針對契約工作履行完畢：

1. 有無事前做好「預試車、完工、試車、性能測試」（Pre-Commissioning, Mechanical Completion,

Commissioning, Ready to start up and Performance Test）等之執行計畫及程序。

2. 是否有足夠之證明文件，證明工程已完工或契約工作及義務已全部被履行完畢，包括契約行政作業及技術工作，且無任何尚未完成之工作。

3. 完工、移交、驗收、保固作業程序有無依約辦理；承包商有無依約改善所有之工作瑕疵，如果瑕疵無法修補改正，其處理方式為何。

4. 相關之完工、驗收、保固責任之文件（包括：預試車、完工、試車、性能測試之文件）是否齊備。

5. 保固期限之起算及終止之確認。

6. 相關完工之移交、驗收、保固責任等證明文件之製作及簽發。

7. 相關工程款／保留款、罰款、費用之結算及發放方式及時機。

8. 履約保證金之退還及保固保證金之處理。

9. 解決承包商所提出所有之索賠及爭議；並依法律時效或契約之時限，對承包商提出索賠。

10. 確認有無殘存之契約義務（Survival Obligation），例如保密責任等。

11. 所有相關契約及技術文件之留存保管及處理。

12. 所有專案工程團隊人員是否均對契約履約過程做檢

討，並分享心得，做爲日後之參考。

13.完工結案報告之製作。

14.如果仍有後續工程，則做好本工程後續工程銜接之
　　工作，包括契約面、技術面等，務必使前後工程能
　　無縫接軌，順利進行。

第四章 ┃ 契約管理之工作範疇（承包商篇）

　　對一個專案工程而言，因業主所採行之契約方式和策略的不同，其相關專案工程之利害關係人亦會有角色上之不同，傳統設計後再發施工包之方式，則除業主外，會有設計／監造顧問及主承包商等當事人，而如業主對主承包商之選擇不採大包制而採分包制，則施工契約當事人之數目又會不同；而如採統包（EPC）方式，則業主簽約對象除專案管理顧問外，則只有統包商一家，因統包契約包括設計、採購及施工，不論工作範圍及工作內容均較一般採主承包商之施工契約為繁複，且涵蓋之工作更廣，故筆者針對本書承包商之專案工程契約管理工作，將針對國際「設計採購施工」（EPC）統包商應執行之契約管理工作，做有系統地介紹，其中許多工作及活動，應同樣地可供一般主承包商參考依循。而筆者在本書第三章中所述有關契約管理工作的原則自亦可由承包商參考之。

　　又筆者在此重申，因在契約管理中每個階段之工作及活動眾多，許多工作及活動可能都必須同步進行，而不一定是按本書介紹之先後次序逐一辦理。

壹、工程案件之準備及簽約前之工作
（Upstream or Pre-Award Activities）

　　一個國際統包商在決定要開始選擇一個工程標案而準備進行備標投標工作前，當然首先必須要先取得公司管理階層的同意。在決定準備一個標案時，統包商必須依本身之核心能力，決定本身在市場之定位及擬定發展之策略，再來選擇適合自己的標案及客戶。在國際工程市場上，有時因提供製程之授權廠商（Licensor）不同，會影響業主在選擇統包商上之決定，有時某一些類型之工程或建廠工程，可能會有一、二種不同之製程，一旦業主選擇了某一個授權廠商之製程，則只有被經授權廠商認可或曾做過該製程之廠商較會獲得業主之青睞；但在國際市場上如甲統包商曾做A授權廠商之工作，就較難被B授權廠商所接受；如果一旦潛在之業主客戶選擇了B授權廠商之製程，則統包工作就較難由甲統包商所取得；而有時業主因自行開發擁有之專利權十分寶貴，不希望有任何洩露，會要求統包商在一定年限內不得承接其他業主客戶相類似之工程；凡此均是統包商在爭取業務，拓展開發市場所應注意及考慮之因素。又如統包商係一工程集團，其下關係企業可能有顧問公司，營造公司等諸多之組合，則在決定工程機會之爭取時，則尚須注意政府採購法第39條：「機關辦理採購，得依本法將其對規劃、設計、供

應或履約業務之專案管理，委託廠商為之。承辦專案管理之
廠商，其負責人或合夥人不得同時為規劃、設計、施工或供
應廠商之負責人或合夥人。承辦專案管理之廠商與規劃、設
計、施工或供應廠商，不得同時為關係企業或同一其他廠商
之關係企業。」之規定，在決定是否爭取統包工程或專案管
理工作前，先做通盤的考慮，當然針對國際工程，統包商尚
須考慮工程之所在地及本身之資源能力等，自不待言。

一、資格標書撰寫及投送

　　如第二章所述，在國際大型之統包工程案中，通常業
主機構會針對投標廠商之資格先做預審之工作，通過預審後
才能真正進入投標階段，因此依據業主機構之規定妥善準備
相關之商業文件及技術文件並確實回答業主機構所提出之問
題，是此階段重要的工作。惟應注意所有的文件及聲明陳述
均應真實而不應有任何聲明不實的行為，以免引起糾紛及法
律責任。[1]

1　依我國民法第245條之1：

　「契約未成立時，當事人為準備或商議訂立契約而有左列情形之一者，對
　　於非因過失而信契約能成立致受損害之他方當事人，負賠償責任：

　　一、就訂約有重要關係之事項，對他方之詢問，惡意隱匿或為不實之說明
　　　　者。

　　二、知悉或持有他方之秘密，經他方明示應予保密，而因故意或重大過失
　　　　洩漏之者。

　　三、其他顯然違反誠實及信用方法者。

二、保密協議書之簽訂

　　如業主機構所欲發包之專案工程，涉及營業秘密、專門知識等，如前所述，則承包商在領取任何業主機構之文件前，必須要與業主機構簽署一份保密協議書，保密協議書有分兩類，一類是業主機構為提供營業秘密之「揭露方」而承包商僅為「接收方」，而另一類則是雙方均為「揭露方」也是「接收方」，也就是說業主機構和承包商均會相互提供營業秘密給對方；因在國際工程契約中，通常國外之業主機構對此十分重視，且在保密協議書中會嚴格要求承包商之責任及義務，所以承包商千萬不可忽視。

　　承包商和業主簽署保密協議書之後，則必須依據所簽署保密協議書之規定，為參與本投標案之員工、顧問、分包商、供應商等均準備一份保密協議書並要求其簽屬遵守之。當然僅憑幾張書面之保密協議書是無法保證所有之專案團隊人員均會自動做好保密工作的，因此承包商必須針對本投標案準備制定一套保密措施計畫；在此保密措施計畫中，應對保密文件及載體之記錄、保管、傳送及儲存以及標案完畢後之文件銷毀及歸還均要有嚴格切實之規定及作業。

前項損害賠償請求權，因二年間不行使而消滅。」之規定，如當事人一方就訂約有重要關係之事項，對他方之詢問，惡意隱匿或為不實之說明者，對於非因過失而信契約能成立致受損害之他方當事人，負賠償責任。

三、確認領取投標文件之完整性

　　此項工作十分重要，承包商一定要和業主機構確認所領到之投標文件是完整的而無任何遺漏；承包商並應確實瞭解，並與業主機構確認，在投標過程中，如果業主機構有任何增補、修正或改變投標文件之動作時，業主機構其發布或通知之程序為何？承包商之契約管理人員或業務人員是否應定期去相關公告網站或與業主機構之人員查詢，都是此階段工作應注意之處。

四、開始備標階段

(一)組織備標團隊／分工及整合

　　如同業主機構一樣，承包商也要立即成立一個專案工程備標之團隊，其成員如同業主機構一樣，應包括業務人員、工程技術人員、採構人員、施工人員、行政人員、法務人員、契約管理人員、人力資源人員、品質管理人員、安衛環人員、財務會計人員等，同樣地如果備標團隊仍可在得標後繼續成為專案工程執行之團隊，相信必可使備標工作及執行工作無縫接軌地承續下去，當然團對之領導者及團隊成員之分工及整合都是應注意之點。

(二)做好盡職調查（Due Diligence）

　　業主機構針對承包商進行資格能力之瞭解調查，已如前述，同樣地承包商也應對業主機構之身分法律地位，其債信能力，及其他詳情做好盡職調查之工作。如果業主機構係政府機關，可能債信／財務能力之問題較少，但如業主係私人機構，則其身分地位及債信／財務能力就必須事先清楚瞭解，以免承包商屆時遭受呆帳之損失。許多國際大型工程，其招標時可能係由母公司出面招商，但實際訂約時，則會由一個新成立之SPC公司（Special Purpose Company）出面，此種情形在許多專案投資之BOT案件中，經常可見，如果該母公司不出面做連帶保證，則承包商必須嚴肅考慮該新SPC公司是否有足夠之財務或融資能力，否則因大多數之工程契約均係採「報酬後付主義」，承包商有時會遭受到極大之財務損失風險及壓力。因此，承包商針對業主機構，尤其是第一次之客戶，做好相關之盡職之調查，找到一個有能力誠信之業主客戶，是契約管理中的一項十分重要的工作，也是風險評估確認之重要工作。

　　進行盡職調查之方式很多，可以藉由書面公司文件及財務報告之審查或實地之查訪等方式進行，當然委託律師及徵信機構進行調查，也是常見之做法。

(三)建立專案工程檔案系統

做好儲存所有有關契約之活動完整紀錄是契約管理之一項重要原則，因此在任何投標之開始，建立一套專案工程之檔案系統，詳細規範所有文件及專案進行活動記錄之收發、登記、保管、查詢、回覆及歸檔等作業細節，是非常基本也是重要的工作。

(四)備標費用的統計

在實際的操作上，有時一個大型工程的標案，其備標時間可能有數個月甚至超過一年的時間，而所花費之經費、人力、物力可能也是十分龐大的，因此建議承包商在備標工作開始時，就應建立一套備標費用統計的系統或檔案，詳細記錄備標人員之人數及工作時數，以及其他費用支出之紀錄，並做好相關支付憑證之收集及保管，在此階段，財會人員應積極介入協助專案團隊做好會計成本之存證。此備標費用的統計工作，有兩項重要之用途，其一為如果業主機構無正當理由停止招標程序或決標錯誤，或決標後無故無法訂約或開始工作時，承包商提出求償損失時做為求償之依據，另一則為如果承包商係以聯合承攬之方式投標，備標費用有時會由聯合承攬之成員約定按一定比例分擔或做為將來聯合承攬體之開辦成本，因此，亦須對備標費用有完整及正確之紀錄。

(五)專案團隊合作夥伴之選定（聯合承攬協議書之準備及簽署）

在國際之大型工程中，往往投標廠商為增加得標之機會，加強履約及財務之能力，並分擔風險，會採取聯合承攬共同投標方式，而聯合承攬依實務上可分為兩種型態，一為聯合承攬聯合所有之成員，共同出資，共負盈虧，共同一起經營履行工程案件工作之「共同施工」方式。英文用「Joint Venture」一詞來表達，另一種型態，則為聯合承攬體所有成員，將工作範圍劃分清楚，各自就各自應負責的部分做好，並就本身負責之工作範圍自負盈虧之「分別施工」方式，英文用「Consortium」一詞。然不論係採「共同施工」（joint venture）或「分別施工」（consortium）方式，所有聯合承攬體之成員對業主均須負連帶履約之責任，因此在選擇採用聯合承攬之方式時，一定要對合作夥伴之能力及誠信可靠度有深入瞭解。依筆者之建議，如果能由承包商自行獨力承辦之工程案件，儘量不要和他人聯合承攬。俗話說「一人挑水喝，二人抬水喝，三人沒水喝」，值得考量。

如採聯合承攬之方式，則在投標前，一定要和聯合承攬之夥伴簽署好規定成員權利義務之聯合承攬協議書，並且對工程成本之計算，歸屬及將來聯合承攬之組織運作有明確之

協議。

　　如果在投標前無法簽署詳盡的聯合承攬協議書，則一份規定主要權利義務及合作原則之標前合作協議書（俗稱：Head of Agreement or Pre-Bid Agreement），也一定要準備妥當及由聯合承攬之成員簽署，以避免在投標過程中因每位成員之意見不同而產生紛爭，而對投標造成干擾。

(六)標前選商協議書之準備及簽署

　　除聯合承攬之成員夥伴外，常見之外部團隊成員應屬經承包商在投標前所選擇之分包商（Subcontractor）或供應商（Vendor），大規模統包工程，承包商不可能獨力完成所有工作，就主要之工作或主要設備，一定得做標前之詢價，以確定將來履約不成問題及確定投標之成本價格，有時某些特定之工作或主要設備必須先予確定，故此時承包商可能必須與該等分包商或供應商先行訂立「標前協議」（Pre-Bid Agreement），因此在此階段，專案工程團隊則必須進行相關分包商／供應商之詢價及分析評比洽商之工作；並於決定後，視市場供需狀況，與分包商或供應商簽訂標前協議。在準備標前協議時，亦可有兩項形式，一為標前協議為「預約」之性質，即在標前協議中雖有約定雙方合作之條件及價格，但雙方仍約定在工程得標後另行簽訂正式之「分包契約」或「採購契約」；另一種形式即為由雙方直接簽訂

「分包契約」或「採購契約」之本約，但在契約中附有「分包／採購契約於本工程得標即生效」之停止條件或在分包／採購契約中加註「分包／採購契約於本工程未得標即失效」之解除條件。至於應該採哪一種形式，承包商應就市場供需狀況及買賣雙方之市場優劣地位來做明智之判斷及抉擇。

(七)招標文件／契約條款之審閱

　　相關招標文件／契約條款收到後，首先專案備標團隊之領導者應將招標文件（契約）分送給備標團隊各成員開始進行審閱工作。因大型工程之招標文件可能包括商業條款及技術規範兩大部分，一般而言，不可能由單獨一人審閱，因此備標團隊之領導者，應該確實明瞭各成員之專長及職責，將各成員應負責審閱之部分分派妥當，並限定一定期限，請各成員提出其對招標文件／契約條款之審查意見，並且召集會議由團隊共同討論之。在審閱招標文件／契約條款時，應至少有下列之工作：

1. 針對商業條款部分，承包商應建立一份商業條款審查表（checklist），並做出一份針對是否接受商業條款規定條件之審查標準；針對特別嚴格、高風險之商業條款條件或超出標準之商業條款條件應建立內部控管之機制，即對超出本身標準之商業條款條件應建立分層負責授權核定之機制，以便控管風險，並確認契約

條款條件是否符合本身承接工程之各項標準及原則。

2. 而針對技術規範或相關技術條款，承包商亦應建立一份技術條款審查表，針對各類器材、設備之需求及規範做出一套審查之標準，以便審查人員做爲審查之依據，並對超出標準之規範或技術要求，亦建立一套內部控管或分層負責授權核定之機制，以便控管風險。

五、風險分析及管理（Risk Assessment）

承包商在評估一份投標案時，除審閱商業及技術條款外，事先做好風險分析及管理是十分重要的工作。

除第二章所述之風險分析及管理原則外，筆者建議，承包商平日即應建立一套風險審查表（Risk Checklist），詳細列出國際統包工程常見之風險項目，做爲審查風險之參考依據；因工程風險大致有自然風險、社會風險、經濟風險、法律風險及政治風險等。而這些風險，從契約條款之設計及約定，又可分爲業主的風險及承包商之風險，契約管理人員或備標團隊一定要熟讀契約及瞭解契約準據法，並清楚瞭解契約或準據法對風險產生後之責任分配以及是否有減輕或減免風險之做法或措施。而如果該風險發生之可能性或機率甚高時，如何將解決風險之成本預估在標價中，都是應注意之處。

風險之分析管理和契約條款之審查，事實上可以同步探

二合一之方式進行，即一方面審閱契約商業或技術條款，一方面對風險進行分析評估，故上述之商業／技術條款審查表和風險審查表，可以合而為一，作為一項重要之契約管理工具。一般而言，除各EPC統包商自訂之商業／技術條款審查表和風險審查表所列之項目外，相關契約條款審閱及風險分析之重點項目有：

(一)商業條款部分

1.業主特性

(1)債信／財務能力

業主之債信／財務能力影響契約之模式，付款之方式之訂定，對債信／財務能力不很確實之業主，承包商應著重付款方式之要求或要求業主提供保證等作為風險減輕之方式，當然如果該業主之信譽不良，選擇放棄此工作是最保險之做法。

(2)工作方式及作業程序

業主之工作方式及作業程序會直接影響專案人員之配置及人力數量，更與人力成本及作業時程息息相關。通常業主為承包商第一次承接工作之客戶，則一般有經驗之承包商均會在人力之配置及成本上多估列一些成本風險費用，避免因作業不熟悉或配合業主要求而須多支出一些不可預料之成本。

2.準據法（Governing Law）

國際契約所常涉到之法律甚多，包括當事人本國法、工程所在地法、契約準據法、法院／仲裁地法等等，因此首先應確認對契約準據法有無約定；對契約準據法、工程所在地法、法院／仲裁地法有無瞭解。如果不能確定，一定要請教熟諳該法之律師，給予專業意見。而如「法律變更」時，契約條款對「法律變更」此風險約定如何亦應清楚明白。[2]

當然針對工程所在地國家之法規、稅負及政府行政作業等事項在投標前一定要充分瞭解，充分掌握可能之風險，並事先想好因應之道。

3.注意每一個名詞之定義

有時在契約中，常常會見到許多行業之術語，例如

2　目前國際相關工程契約範本多明列法律變更所造成成本增加或遲延工期的風險由業主承擔，例如FIDIC 1999 silver edition（EPC／turnkey contract）中即規定最後投標日前二十八天後，有法律變更影響承包商履行契約義務，若承包商因此遭受遲延或增加成本，承包商有權獲工期展延及增加契約價金。

但實務上國際工程契約均有規定法律變更之風險分配方式，只是分配之方法與形式各有不同，分類如下：

一、獨立章節明列此種成本增加或遲延工期的風險由業主承擔。

二、明訂此種風險原則上雖由業主承擔，但有除外部分；即承包商應承擔於利潤、利息、公司所得、員工個人所得稅徵收之任何變更的影響，及員工私人財物之關稅，及任何物價波動的影響，或兌換率行情或兌換費用（包括稅）相關的官方決定。

三、將此種風險歸類為不可抗力中並列於不可抗力事件。

「開工」、「完工」、「試車」、「基本設計」、「細部設計」、「施工圖」、「契約總價」等等，但事實上，這些行業術語真正之含意或在工程之實踐上，往往會產生不同的認知，例如國外工程顧問公司和國內營造廠商對「細部設計圖」和「施工圖」之認知即有極大差異；如果在審閱契約時不做澄清，將來容易產生爭議及成本及工作上之風險。

4.工作範圍（Scope of Work）是否明確

工作範圍之多寡直接影響到履約之成本及雙方之權利義務，因使此一定要對「工作範圍」（Scope of Work）有明確之認知；再加上許多工程契約中均有「凡為完成工程所必須施作之工作，其價格均包含在總價或相關單價內」之廣義條款，故清楚瞭解何為明示之工作範圍（Express Scope of Work）、何為默示之工作範圍（Implied Scope of Work），是重要基本之工作，在審閱契約時，如對工作範圍有任何之疑義，一定要提出澄清，以降低風險。

5.契約施工時程／工期（Schedule）要求之可行性

一般國際之大型工程，如涉及投資融資，生產時程等因素，一般對工程期限之要求均十分嚴格，且對工程逾期均有違約金之規定，故承包商對施工時程／工期（Schedule）之要求是否可以達成，一定要事先詳予評估。

　　又如契約中如果有「時間是本契約之要素」（Time is the essence of the contract）之約定時要特別注意，承包商一旦違誤工期（Schedule）可能會被終止或解除契約。[3]

6.展延工期之約定

　　(1)展延工期之程序及時限是否合理。

　　(2)展延工期之事由是否足夠爭取取消業主延誤工期之免責條款，並在契約中儘量爭取增列得展延工期（EOT）及要求展延工期費用之條款及事由。爭取增列有關不可抗力事由應由業主負擔時間及成本風險（Owner's Risk Clause）之條款。

　　(3)展延工期之效果？除工期外，展延工期所產生之費用如何計算及支付，有無明確約定。

　　(4)有無給工期但不給展延工期費用之約定。

　　(5)針對如何計算工期，也應事先澄清確認以免產生爭議。

　　(6)在契約中明訂業主應提供協力義務及指示之期限，避免業主恣意不合理拖延時間，造成工期延誤。

3　契約中如果有「時間是本契約之要素」（Time is the essence of the contract）之約定時，依我國民法第502條第2項之規定可知，如以工作於特定期限完成或交付為契約之要素者，定作人得解除契約，並得請求賠償因不履行而生之損害。而英美法中亦有相同類似之觀念。

7.逾期違約金（Liquidated Damages）

(1)逾期違約金係懲罰性之違約金或損害賠償預定額之違約金？

(2)支付逾期違約金是否為承包商逾期之唯一責任（Sole Remedy）？

(3)支付逾期違約金之時機或方式？

- 分段計罰或完工一次罰，分段計罰於進度趕上後是否退還？

- 計罰之計算方式，該計算方式是否過高？

- 逾期違約金有無上限之約定，該上限是否過高？

(4)爭取合理不計算「逾期違約金」（Liquidated Damages "LD"）之「寬限期間」（Grace Period）。

(5)爭取降低計算LD之基礎，例如在計算LD時應以「未完工部分工程之金額」作為計算基礎；或以「訂約金額」和「完工結算金額」兩者金額低者為計算基礎。

8.付款（Payment）之方式及請款條件有無條件或障礙

對承包商而言，進行工程時最好之狀況就是承包商對現金流量（Cash Flow）之管控最好是正值（Positive），避免本身墊付過多之工程／材料款，造成財務上之壓力，故針

對工程款報酬之約定及付款條件就必須斤斤計較，故此部分之重點有：

(1)有無預付款，預付款之比例。

(2)係採按期估驗計價或里程碑計價方式。

(3)辦理估驗前是否有冗長之審查程序／期間或其他障礙條件。

(4)保留款之比例是否過高；可否以保留款保證替代，以便及早取得現金款項，降低現金積壓之風險。

(5)付款之幣別，匯率之計算及稅負之約定；是否可以利用「套期保值」（Hedge）之方式來避免貨幣匯率漲跌之風險。

(6)有爭議付款項目之處理，爭取無爭議項目應如期付款，避免工程款被積壓之風險。

9.變更條款

(1)工作變更之範圍是否限於「原契約的合理範圍內」（Within the reasonable content of the Contract）？

(2)變更之程序及時限是否合理？

(3)重大變更（Cardinal Change）之規定？

(4)減項過多（De-Scope）之規定？

(5)如何處理「擬制變更」（Constructive Change）及

「口頭指示」（Verbal / Field Order）之規定？

(6)變更之效果之規定？[4]

(7)未辦理變更協議，但要求先行施作之規定？

10.危險負擔及保險之規定（Risk of Loss）

(1)對不可抗力或事變所造成風險，如何由業主及承包商分擔之規定？

(2)危險負擔之時點為何？完工？移交？或驗收？

(3)此類風險可否轉嫁給保險（營造綜合險Contractor's All Risk Insurance）？

(4)保險由誰購買？如由業主購買，保險金額不足部分是否可由承包商自行加保？

(5)保險不保事項（Exclusions）是否應約定為業主之風險或承包商之除外風險（Employer's Risk or Except Risk）？

11.損害賠償責任（Indemnification）之約定

(1)損害賠償責任之範圍：

承包商應負責之責任範圍為何？

• 直接損害（Direct Damage）

---

4 有關工程變更及擬制變更之意義，請參考王伯儉著，《工程契約法律實務》，元照出版，2008年10月，頁97-103。

- 間接損害（Indirect Damage / Consequential Damages）
- 利潤損失（Loss of Profit）
- 使用損失（Loss of Use）
- 營運損失（Loss of Production）

(2)損害賠償責任有無責任上限？責任上限之金額是否合理？責任上限是否包括逾期罰款之金額？

(3)損害賠償上限之例外，是否限於：①故意和重大過失；②侵權行為或侵害第三人智慧財產權；③補正工作（Make Good）等所造成之責任？

12.提出要求或求償之程序及時限約定

(1)提出求償之時限是否過嚴過短，不合理？

(2)不依限提出求償之效果？是否棄權？

(3)求償之程序是否十分繁複或須經許多關卡？

(4)契約中對於處理各種事項之時限（Prescription / time limit）是否合理及程序是否十分繁複或須經許多關卡？

13.保固／瑕疵擔保責任

(1)對工作之保固期限（Warranty Period / Defect Liability Period）是否過長或不合理？

(2)保固責任之範圍是否合理？是否僅限於修改瑕疵
（Rectify Defects）？

(3)如因履行保固責任造成工程營運中斷之責任為何？

(4)保固期限之展延是否合理，有無最長期限之約定？

14.糾紛解決之機制

(1)糾紛解決之機制及方式可否接受？一般國際工程宜
採在第三國仲裁之方式。

(2)糾紛解決之程序是否有許多障礙及程序關卡？

(3)有無解決糾紛之仲裁或訴訟前置程序？例如調解
（Mediation）或調處（Adjudication）等方式。

(4)糾紛解決之地點？

(二)技術條款部分

除了商業條款及風險外，對EPC統包商而言，另一項重
要的工作，就是要針對技術部分業主之要求及所可能產生的
風險做審慎之分析評估，此部分主要的工作有：

1.設計／技術方面

(1)審查業主所提出之FEED（Front End Engineering
Design）及Data Sheet技術資料，提出問題及澄清。

(2)審查業主指定製程授權人（Licensor）之技術資
料，確認那些資料為辦理設計工作所必須遵守之資

料（Rely upon information）。業主是否保證業主
其所提資料之正確性。

(3)審查業主將製程授權人之授權契約移轉給EPC統
包商之三方移轉契約（Assignment Agreement /
Novation Agreement）。

(4)審查製程授權人之授權契約，針對業主對製程授權
人之規定及需求和對EPC統包商之規定需求做差異
分析及整理（包括技術面及契約權利義務面），找
出可能之風險及預估可能會產生之額外成本。

2.設備、材料採購方面

(1)審查確認EPC契約中業主對採購／分包之規定及需
求。

(2)對所需之設備、材料做好市場調查，做好國際性／
區域性／工程所在地之供應商（Vendor）／分包商
（Subcontractor）的可利用性（Availability）之分
析確認工作。

(3)針對業主指定之供應商／分包商未來移轉給EPC統
包商之移轉契約做好權利義務差異分析工作。

(4)業主如有指定供應商／分包商，對該指定供應商／
分包商做好瞭解探訪之工作，並確認是否允許找指
定供應商／分包商名單外之廠商，並確認業主審核

供應商／分包商之標準及條件。

(5)確認設備／材料有無指定或綁標之情形；是否應提
　　出澄清或抗議。

(6)確認設備／材料送請業主審查之時間及程序；確認
　　延誤審查時間或程序之處理方式及可能之法律契約
　　效果。

(7)其他技術問題等。

根據國際諮詢工程師聯合會（FIDIC）1999年所出版之
Conditions of Contract for EPC／Turnkey Projects序言中
所述，該EPC契約之條件不適用於下列情況：

如果投標人沒有足夠時間或資料，以仔細研究和核查業
主要求，或進行他們的設計、風險評估和估算（特別是考慮
第4.12和5.1款）。

- 如果工程內容涉及相當數量的地下工程，或投標人未
　能調查的區域內的工程。

- 如果業主要嚴密監督或控制承包商的工作，或要審核
　大部分施工圖紙。

- 如果每次期中付款的款額要經職員或其他中間人確
　定。

FIDIC建議，上述情況下由承包商（或以其名義）設計
的工程，可以採用生產設備和設計—施工契約條件，但不建
議採用EPC（Turnkey）之契約方式。

六、工地勘察（Site Inspection and Site Survey）

EPC統包商應組織一個工地勘察小組赴工程所在地做好勘察之工作，舉凡工地之現況、地形、地貌、氣候、交通、勞動力之提供、當地習俗、文化、生活機能等等細節都應在事前做好詳細之調查並瞭解，建議EPC統包商應事先準備一份工地勘察之檢查表（checklist），詳列應勘察之項目以做為工地勘察之依據及參考。

七、針對招標文件之澄清（Clarification）

在專案團隊成員各司其職，審查相關之招標文件資料後，專案團隊之領導者，即應召集一個招標文件審查會議，將各成員所提出意見，風險評估報告等做充分之討論和整合，並將相關之風險及疑義製作一份控制表以便追蹤考核。

在各成員提出相關疑義及風險並經專案團隊整合後，此時專案團隊即應做出要向業主提出那些問題或疑義澄清（Clarification）之決定，並依招標文件規定之格式在招標文件或法律規定之時限內向業主提出。[5]

依國際工程之慣例，一般大型標案，業主均會召開相關招標文件之澄清會議，有時在澄清會議中，可能會就相關

---

[5] 我國政府採購法第六章爭議處理中，有對廠商對於機關辦理採購於招標程序中如何提出釋疑、異議及申訴之程序及時間有詳細之規定，可資參考。

契約商業條款或技術條款有疑義之部分進行磋商及討論，並可能當場做出修改條款之決議，因此EPC統包商必須指派有經驗並對專案工程有充分瞭解及有決定權限的人員參與；因澄清會議之結論及會議紀錄將來可能會構成契約文件之一部分，因此對澄清會議之會議紀錄必須審慎處理。

與業主之澄清會議後，如果有任何條件之更改，則專案團隊必須立即討論並研究其對成本或履約之影響，審慎做出因應之道。

有時業主在召開澄清會議之同時，會要求EPC統包商根據在資格預審時，對承包商所要求之各項工作及管理計畫，提出簡報及說明，此一簡報及說明之好壞，會直接影響業主投標廠商之印象及觀感，故投標廠商必須妥善及早準備及處置。

八、提出正式之投標文件

在經過招標過程中之疑義澄清程序後，投標商如無任何問題而願繼續投標爭取業務，則必須在招標文件規定期限內，依規定之格式製作投標文件及報價書。當然此程序會因業主所採用為一段標或兩段標（即技術資格標和價格標是否同時開標）而有所不同。

然在製作投標之文件及報價書時，至少有下列項目應予注意：

(一)嚴格依業主之規定提供所需之文件，依招標文件之規定辦理相關之文件公證及認證工作。

(二)押標金（Bid Bond）之準備，依招標文件所規定之方式、格式及金額，準備押標金，並加以檢查（曾有因開具押標金保證之銀行，僅蓋分行經理章但漏蓋銀行印鑑，而造成投標商失格之例）。

(三)參與開標程序人員委任狀或授權書之準備，包括委任狀或授權書之公證，認證等。

(四)對投標文件再做一次最後之檢查，確認所有文件格式，及投標文件中之文字、數字金額均相符，並對簽名及用印再做確認。

(五)要在期限內依個案情形決定採用郵寄、親自送交或其他方式提送招標文件。

(六)送交招標文件及押標金後，應對其收執並做好保管工作。

九、未得標時之處理

(一)未得標時，當然專案團隊須自行檢討未得標之原因，而專案團隊之業務人員亦應與業主溝通，瞭解未得標之原因及確認業主之需求，做好關係管理工作，以利日後業務之推行。

(二)專案團隊未得標時，則仍有下列工作要做：

1. 領回押標金，並在公司內辦理結案工作。
2. 要求專案團隊人員或外部供應商／分包商及顧問等，
   依投標前所簽訂保密協議之規定將文件退回給業主或
   銷毀之，以避免文件外流，造成糾紛或法律責任。
3. 在保密協議所規定之期限內，繼續做好保密之義務。

貳、工程案件之執行及簽約後之工作
（Down-Stream or Post-Award Activities）

一、議約（Contract Negotiation）

　　如果在得標後針對正式契約條款或文字仍有洽談磋商之
機會時，EPC統包商即應好好把握此機會，儘量爭取權益並
消弭任何契約條款或技術不清楚有疑義的地方。因此EPC統
包商即應成立一個適當的議約團隊，選擇有經驗並對整個專
案工程有全盤瞭解的人員參與，其中除業務、技術人員外，
尚應包括法務及契約管理人員，自不待言。

　　議約會議舉行後，團隊人員應將議定之契約文件雙方代
表加以確認，做爲將來正式訂約之文件。

二、契約簽署

　　議約談判後，則進入正式簽署契約之階段，在此階段對
EPC統包商而言，有下列重要的工作需要執行：

(一)確認要簽署之契約文件係雙方正確合意之文件，沒有任何遺漏、誤植或單方面增加之文件資料。又在簽約之同時，業主可能會要求統包商提出證明其資格及履約能力之法律意見書（Legal opinion），或其他文件，此時統包商即應在期限內提供之，自不待言。

(二)針對境內外（On／Off Shore）工作範圍及相關細節之劃分及確認：

如前所述，境內外工作範圍之劃分與相關稅金成本之影響甚鉅，因此必須妥善劃分及確認。

(三)簽署契約方式之確認及確認簽署人之合法授權：

簽署契約方式係採親自簽署抑或由某一當事人簽署後再轉給另一當事人簽署，宜事先溝通確定，而簽約是否由當事人之法定代理人簽署抑或由授權代表人簽署，亦應確定，如由授權代表人簽署，則相關經公證或認證之合法授權書，則應予以準備妥當。

(四)契約簽署後，依各國法律之規定，依法繳納印花稅或其他稅捐或規費。

(五)契約簽署後，則契約正本應妥善保管；而供專案工程團隊使用之相關契約影本或副本之印製、分發及保管及回收，亦應有一定管控之作業程序，以避免契約被不當散布或使用。

(六)業主意向書（Letter of Intent）

有時在正式簽約前，業主會要求統包商先行動工，以爭取時效，故業主會先出具一份意向書給統包商，表示有意願簽約，但請統包商先行動工，惟有時在意向書中往往又會註明該意向書「並無法律之拘束力」（Not a Legal Binding Document），此時統包商須注意並要求在意向書中加列，如無法簽約時業主應依約定之價目表或投標之價目表支付統包商已發生之成本及費用等文字，以確保權益。

(七)如前所述，依一般之國際EPC統包工程之契約架構，除統包工程契約外，統包商尚須與業主及製程授權人或設備供應商簽署三方「移轉契約」（Novation / Assignment Agreement），或與業主及銀行簽署三方之「直接協議」（Direct Agreement），此部分契約簽約工作亦應妥善處理之。

三、各項保證之準備及繳交

(一)依據契約規定之格式及要求，準備相關之預付款保證、履約保證、保留款保證、保固保證（保固保證通常在業主驗收後再開具），並在規定時間內提交給業主收執，並妥善保存該收執。

(二)針對預付款保證及履約保證之追蹤管理：如契約中有規

定預付款保證或履約保證可依工程進度增減其額度時，應定期通知業主或銀行遞減保證金額，以節省銀行保證費用；如有因變更設計增加契約金額時，則亦應依契約規定通知業主或銀行增加必要之保證金額。

(三)保留款保證及保固保證之追蹤管理：依契約規定針對保留款保證及保固保證做控管及追蹤管理。

四、專案團隊之整合

(一)建立專案工程團隊協調溝通之程序（Coordination Procedure for the Project）

「好的開始是成功的一半」，在正式執行專案之工程前，如何整合專案工程團隊，包括業主、專案管理顧問、統包商、供應商、分包商等所有相關人員，確保所有專案之作業能夠有系統有次序地執行。筆者建議統包商應協同業主、專案管理顧問等利害關係人建立一套專案工程團隊之協調溝通程序（Coordination Procedure for the Project），詳細建立相關作業之進行及溝通程序，包括，但不限於：文件之傳送流程，各類技術事項之審查流程等等，避免專案工程進行時，各利害關係人各行其是，造成紊亂。

(二)專案組織編組

備標之專案工程團隊在工程得標後，如能移轉成為執

行專案工程團隊，固然良好，而如有更換亦必須做好工作交
接，固不待言。然執行專案工程團隊之成員必然較備標團隊
人員為多，因此如何組織一個執行專案工程團隊去配合業主
工程之所需，就是十分重要的一項工作。在執行專案工程團
隊之編組上，筆者認為有下列重要之工作：

1. 將完整之人力組織編組送交業主審查或備查：
   完整之人力組織編組送交業主審查或備查後，可做為
   工程執行之依據，於遇有停工或展延工期之情事時，
   亦可做為計算間接成本及管理費用之參考。此部分工
   作，依契約之規定或工程特性之要求，統包商可能尚
   須提供人力動員計畫、專案管理人力、設計人力排
   程、採購人力排程、建造人力排程等資料給業主審查
   或備查。

2. 人力組織各成員之職掌（Roles & Responsibilities）
   與授權範圍必須清楚規範及確認，以利工作之執行。

3. 統包商針對業主之人力組織及對口單位人員之職掌及
   授權範圍也必須清楚及確認：各成員對口單位人員一
   定要建立良好之同儕（Peer to Peer）關係管理工作
   （Relationship Management），並建立互信、積極
   正面、相互合作的關係，必然會有助於專案工作之執
   行。

4. 建立人員更換之程序及通知方式：

有時業主或統包商專案工程團隊選定之主要成員被更換時，也會被視為一種風險，因此如何事先建立一套人員更換之程序，確保工作不會因人員更迭造成阻礙或延誤，確有其必要性。

五、各類會議之管理

在整個專案工程執行期間，統包商和業主管理顧問及供應商／小包商間一定會召開許多會議，而會議之討論通常會對工作之進行、權利義務之確認有著重要之影響，有時會議紀錄甚至會構成契約合意之效果，因此，做好各類會議之管理，是專案工程契約管理中的另一項重要工作。其相關重點工作有：

(一)會議議題重點及資料之妥善準備。

(二)會議紀錄之製作、確認及對會議紀錄內容異議之處理。

(三)出席人員對超出授權範圍之議題及決議之處理，適當運用「無損於合法權益」（Without Prejudice）或「取決於上級批準」（Subject to Approval）等方式來保障權益。

(四)會議紀錄之保存及管理。

(五)會議結論工作之分配及追蹤管理等。

六、開工準備

　　統包商在開工前，有關之契約管理工作，包括，但不限於：

(一)確認是否已符合開工之條件及是否已辦妥及做好開工之準備工作；例如工地是否已取得，進出工地之道路是否取得，相關之開工所需之許可是否已取得等。

(二)業主應辦理及應提供協力義務事項之確認及追蹤管理。

(三)統包工程在設計前，應與業主針對工程設計之理念及原則，以及日後施工時應注意之事項，做好溝通及意見交換，避免發生可能之錯誤、遺漏或問題。

(四)針對環評、水土保持、跨越道路、灌排水路、橋梁、河川用地和相關主管機關做好協調之工作。

(五)如統包工程中之工作項目，係屬「危險工程」，則須做好評估及取得許可的工作。

(六)建立與業主之關連廠商之工作協調程序。

(七)相關電力、電訊、自來水之安排。

(八)工地周邊交通之管理計畫及交通維持工作。

(九)針對設計輸入條件於施工階段可能產生之差異情況及設計輸出成果需於施工階段確認之事項和業主及製程授權人做好溝通及確認工作，並依需要時做好補充調查及修正之工作。

(十)相關開工計畫之提交及審查工作。

(十一)如有開工遲延之情事，則契約管理人員應做好：

　　1.延誤開工事由之確認及證據收集。

　　2.如係非可歸責於統包商之原因造成開工延遲，則應主張延遲開工之權利。

　　3.在契約規定之期限內，依規定之格式製發開工報告。

　　4.依據契約之約定，提送應購置之保險單、保費收據及保險公司之證照等文件供業主審查。

　　5.依據契約之約定，提供專案工程人員及勞工保險名冊及證明資料給業主審查。

七、契約文件之管理及控管

(一)從廣義之角度而言，契約文件可分為三大類，第一類為「簽約前之文件」，此部分仍屬於招標及備標階段，由業主及統包商自行準備，收集及製作之文件，從業主方來說包括規劃、預算編列等資料，而從統包商方來說，包括備標、詢價及成本估算等資料，此一類之文件，係由業主及統包商各自準備及製作，此類文件在契約進行中發生爭議或疑義時，有時可做為探求契約雙方當事人締約真意之輔助文件及資料。第二類之契約文件則為「契約書本身所包含之文件」，此一部分仍文件主要係詳細規定之業主及統包商之權利義務及工作範圍／工程

功能／效能之契約之規定（Contract Requirement）。第三類之契約文件即為「契約執行中所製作產生之文件」，這一部分文件主要之功能係記錄契約履約及實際工作之狀態（Actual Work），例如施工紀錄、各種報表等，而此類文件中，大多係由統包商所製作準備後再提交業主審查或核定。而事實上，實際之工作（Actual Work）如大於契約之規定（Contract Requirement），則會有「索賠」之產生[6]。故契約文件之管理及控管無論對業主及統包商而言，均是非常重要的工作。

(二)針對契約文件之管理及控管的工作，在契約管理上至少有下列之工作：

1. 製作契約重要條款之節本供專案人員參考：因大型工程之契約均十分繁雜，不可能所有專案團隊人員均能從頭到尾熟讀，故契約管理人員如能做一份簡要之節本供團隊人員參考，並講解給全體人員知曉，實有必要。

2. 彙整並製作「契約各項報表／文件格式清冊」，明確規範製作各類報表／文件之權責單位／人員及相關文件審查、傳送流程及保管機制，確保各項報表／文件均能詳實記錄契約履約之狀況。

6　請參考王伯儉著，《工程契約法律實務》，元照出版，2008年10月，頁306。

3. 整理並製作「契約應辦事項時限追蹤考核統計表」供
　　專案人員參考，避免因延誤辦理之時限造成棄權之效
　　果。

4. 各類文件從收文、文件分發、簽辦、發文及歸檔應做
　　好一套嚴謹之管理程序及機制。

5. 與業主及協力廠商／供應商針對契約文件往來及傳送
　　之程序及方式做好確認的工作。

6. 針對業主口頭指示之效力及其處理程序亦應與業主取
　　得共識及確認。

八、請款／付款作業

　　大規模之統包工程，其工程款價金之組成及付款方式及
流程與一般小型之施工契約之付款方式可能有極大不同，而
工程款價金之順利取得與現金流量之控管及統包商之財務調
度上有著十分密切的關係，因此在EPC統包工程契約之執行
上，請款／付款之作業，是十分重要之一環，相關契約管理
之工作項目有：

(一)依照契約之規定製作請款之作業程序（SOP），並請業
　　主審核據以執行，在作業程序須針對「設計」、「採
　　購」、「施工」等三大類款項及「預付款」、「估驗計
　　價款」、「保留款」、「保固款」等項目，做明確的劃
　　分及規定，並針對「一式計價」、「按單項計價」、

「按比例計價」或「按里程碑（Milestone）計價」等不同的項目做出清楚的規範，並設計相關計價之表單及明白規定應檢附之相關估驗計價資料等。

(二)付款作業流程相關之項目內容有：

　1.申請單及相關資料之需求。

　2.申請期限。

　3.付款期限。

　4.設計款項。

　5.採購款項。

　6.單價計價工程項目。

　7.一式計價項目。

　8.按里程碑計價項目。

　9.計價之範圍。

　10.暫停付款或扣款之依據。

　11.其他特別情況之規範等。

(三)又針對業主延遲付款、暫停付款或扣款亦應做出處理之原則及辦法。

(四)針對工程款或契約權益是否轉讓之處理：

在一般國際EPC統包工程，業主往往會將其在EPC工程契約中對統包商之權益轉讓給融資銀行，此部分轉讓之作業，亦應有所準備及規範。而統包商之協力廠商有時因工程融資之原因，亦會將其在分包契約中之權益轉讓

給銀行或第三人做為還款之擔保，則統包商針對此節，亦應有所處理之準則及作業方式。

(五)棄權書或承諾書之處理：

在許多工程中，業主在給付尾款（Final Payment）時，往往會要求統包商在領款時出具棄權書或承諾書，承諾領取尾款時就應視為業主已對統包商完全履行其義務，統包商須表明與業主已無任何爭議存在，不得再以任何理由向業主為任何主張；此棄權書或承諾書對統包商之權益影響甚鉅，故統包商在契約管理工作上應有所準備及因應之方式，自不待言。

九、工程保險

在施工過程中，如果發生不可預料之意外事故，對整個專案工程而言，也是一項風險，而此風險往往須靠工程保險來減輕及彌補損失，因此建立一套妥善的「保險事故發生之處理程序」是契約管理中必要之工作。

而工程保險中又有許多不保事項，而此不保事項是否即為「業主之風險」，或「除外風險」，亦須謹慎建立處理之機制。而如何處理保險之「自負額」部分之風險，亦須有一套做法。

十、工程變更

在一個複雜之大型統包工程中，工程中發生變更可能是不可避免的事，因此不論業主或統包商均應製作一套處理變更之作業程序（Change Control Procedure），在統包商之立場而言，該處理變更之作業程序應包括：

(一)因變更可分為業主要求的變更，統包商自行提出之變更，及由供應商或分包生所提出之變更。各個不同當事人所提出之變更，可能所依據之契約條款及其效果均不相同，故建議在處理變更之作業程序中依不同原因所造成之變更分別做出處理之流程。

(二)在作業流程中亦應明定，應由何人來判斷變更之原因，以及該變更是否係在「合理的工程範圍內」，（Within the Reasonable Content of the Contract），來判斷統包商是否有遵守之義務。

(三)由何人評估因變更所造成對「工程價款」及「工期」之影響，以及提出變更建議書之作業時程及變更建議書之格式及所需檢附之文件資料。

(四)「價款」及「工期」之調整議訂及訂定變更協議書之注意事項。

(五)針對業主所提「重大變更」（Cardinal Change）之處理方式及程序。

(六)對業主非以契約正常變更程序所要求變更，例如對「擬制變更」（Constructive Change）之處理方式及程序。

(七)對業主以口頭指示變更之處理方式及程序。

(八)對新增項目變更之處理及成本分配（Cost Allocation）之做法。

(九)針對未完成議價程序而先行施作之權利保障措施。

(十)異常工地狀況（Different Site Condition）之處理。

(十一)統包商提出替代工法或價值工程之處理等。

十一、停工

如工程進行當中，如業主或其他之因素而必須停工時，勢必影響統包商之權益甚鉅，故針對「停工」，統包商之契約管理人員亦必須訂定一套處理「停工」之作業程序，以確保權益，在停工時，相關應注意之事項及工作有：

(一)停工原因之確認。

(二)停工範圍之確認：在EPC統包工程中，如業主要求停工，究竟是「設計」、「採購」及「施工」均須停工或只有「施工」部分須停工，換言之，是為一部分停工或全部停工要先予以確認。

(三)停工期限之確認。

(四)停工期間應採取之措施及權益之維護措施。

(五)停工期間費用之分擔責任。

(六)停工期間之付款作業。

(七)復工作業之通知及復工期限。

(八)是否訂定復工協議書，復工後原契約之權利義務（例如保固期限）是否變更。

(九)動復原費用及停工費用之請求及支付。

(十)遲未通知復工，則是否終止契約之考慮因素及決定評估。

(十一)終止契約之準備及步驟。

十二、工程進度及工期之管理

(一)應設立專責之契約管理工程師（Contract Administrator）及時程控制工程師（Schedule Engineer）負責相關時程工期展延（EOT）之工作。

(二)在開工前提送合理、可執行及說明工作方法與施工次序之「工程進度表」給業主核定。

(三)在「工程進度表」中明白記載業主應提供協力義務或指示的期間。

(四)應明白主張「浮時」（Float）係供承包商使用；否則在「工程進度表」中要將「浮時」適當編排或隱藏，使「浮時」能充分為承包商所使用，避免「浮時」被業主所浪費。

(五)應對保存紀錄文件之格式，種類和業主達成協議。

(六)隨時記錄任何非可歸責於承包商致影響工期之事由，例如：超出預定計畫及次序之工作，直接／間接影響工作進行之狀況，業主機具設備供應遲延及不堪使用，加速趕工、增加人力機具之要求，原定進度及工作次序之變更，因協調配合不當所生之工作等，並依據該等事由隨時調整「工程進度表」並要求業主核定。並保留一切相關佐證之資料以及前後之各版「工程進度表」（包括 Preliminary Schedule、Initial Schedule、Approved／Rejected Schedules等）。

(七)保存並分析工人出工及工作紀錄等一切相關資料做為支持爭取工期之佐證。

(八)妥善分析工作之進度，不輕易放棄任何要求工期展延及費用之權利，除儘量利用工程會議之機會主張／爭取工期外，並依據合約規定之方式、程序及時限在事由發生後立即提出展延工期之申請及索賠。

(九)不要任意簽署僅含部分／直接成本或不含延長工期之變更／協議紀錄，換言之，達成一個固定價格工程變更之協議，除應包括直接工程成本外，並應包括與時間有關之成本（Time Related Cost）以及雙方同意之展延工期及修正之「工程進度表」。

(十)承包商有責任去降低／減少因可歸責於業主事由對工作所產生之影響及效果，但減少防免之責任不應包括要求

承包商增加額外之資源或要求其在原有工作之計畫時數（工作時數）外工作，如業主有此要求，則應對其提出索賠。

(十一)如契約有趕工之規定，則趕工之付款在方式則應依據契約規定辦理，如契約未規定而業主和承包商均同意必須趕工時，則付款之條件應在趕工前先行協議，不宜採用「擬制趕工」（Constructive Acceleration）之方式。且在趕工前，雙方均應依契約規定採取必要之步驟解決與展延工期有關之爭議。

十三、完工

在許多大型之EPC工程中，尤其是建廠工作，完工並不是責任終了，反而是責任之開始，設備、系統均施工完成並不代表工廠就能順利營運生產。因此完工、試車、保證產能等工作，影響雙方權益至鉅，更要小心處理。

首先在完工階段，統包商之契約管理工作之重點有：

(一)對完工／機械完工之定義及對必須要完成之工作及責任必須要有明確的認知。

(二)如何處理附條件之完工（即完工有除外項目Exception Items）。

(三)對完工資料必須準備完備；大型之EPC工程完工時統包商可能必須準備許多資料，包括各項工作之竣工圖，操

作手冊等供業主審查，如果相關資料不完整，會影響後續工作之程序。

(四)與業主召開會議討論工作交接及驗收之程序。

(五)工程項目之移交方式討論。

(六)移交條件之界定。

(七)確定移交工程項目之內容。

(八)確定工程驗收之程序。

(九)移交計畫之審核及確認。

(十)部分完工但業主先行使用之處理：

　　1.部分工作之點交作業。

　　2.如何計算保固期限。

十四、預試車作業（Pre-Commissioning）

此部分之工作重點有：

(一)成立預試車人員及組織。

(二)擬定預試車計畫。

(三)維修保養作業之規劃。

十五、試車（Commissioning）

此部分之工作重點有：

(一)試車行程之確定。

(二)試車人員及組織之成立。

(三)試車費用之分擔。

十六、提報驗收

此部分之工作重點有：

(一)提送完工報告。

(二)提送試車報告。

(三)要求完工驗收與移交。

(四)取得完工證明。

(五)部分驗收之處理。

(六)減價收受之處理。

(七)業主遲不驗收及辦理移交之處理：

　　1.發函催告。

　　2.受領延遲之主張。

　　3.保固期如何起算之主張。

十七、保固作業

此部分之工作重點有：

(一)確認保固期生效起算日。

(二)確認保固條款。

(三)保固作業開始，隨時待命辦理保固作業。

(四)準備保固作業之相關資料及報告。

(五)保固期限結案之確認。

(六)撰寫與提交保固完成報告。

(七)完成保固驗收作業。

(八)業主未經催告即進行修補瑕疵之權利義務處理。

(九)業主遲不簽發最後驗收合格／保固完成證明（Final Acceptance Certificate）之處理。

(十)保固保證金之取回。

(十一)契約殘留義務（Surviving Obligation）及責任之認知及確認。

(十二)尾款之請領及業主遲延付款造成損失之處理。

十八、結案作業

此部分之工作重點有：

(一)撰寫專案結算及完工報告。

(二)專案工程團隊針對專案工程執行之檢討，包括技術、契約及成本各方面之分析檢討。

(三)專案工程執行各項文件之整理、保存等。

十九、索賠工作之準備及爭議處理

有關承包商在契約履約期間如何處理工程糾紛索賠及爭議之工作，在拙著《工程契約法律實務》（元照出版，2008年10月）中已有詳盡的說明及介紹，筆者在此不再贅言。總之，此部分之工作，對統包商而言，有下述重要的原

則及要領：

(一)預防重於治療，儘早請專家協助（have lawyers at beginning, not at the end）。

(二)保存完整之工程紀錄（keep good record）。

(三)明確瞭解契約之內容（know your contract）。

(四)勿放棄任何索賠之權利（do not waive any right or claim）。

(五)工程進度之切實監視（monitor job progress）。

　　又在本章當中，筆者僅針對統包商與業主間契約上重要的權利義務之管理工作做介紹，針對工程技術問題，工程品質及安衛環工作及勞工管理的工作，因非屬筆者之專長，故在本章節中，筆者將不予論述，而針對分包商及供應商之管理，因限於篇幅，筆者將另行編寫，也不在本章中說明。

第五章 | 專案工程日常契約管理之工作

　　契約管理的工作可以有廣義及狹義的兩個工作面向，廣義的契約管理可以用Contract Management這個字來表達，其主要包括簽約前及簽約後兩大階段的工作，簽約前包括了案件準備、團隊籌組、契約策略、風險分析、廠商評估作業、談判、決標簽約等工作；簽約後則包括工作之管理、變更管理、關係管理、契約行政管理、效率管理、結案管理等工作[1]，其為一個有系統、整體的管理工作。而狹義之契約管理則是指日常契約之行政管理工作，亦即為Contract Administration的工作。筆者謹就本身從事契約管理工作的一些實務經驗及心得，將承包商契約管理日常之工作重點與大家分享，希望能拋磚引玉，喚起大家對契約管理工作的注意及重視。

1　王伯儉著，《專案工程契約管理》，五南圖書，2015年9月，頁4-5。

壹、達到充分瞭解契約之內容（Know Your Contract）、做好文件管理之工作（keep good record）、維護不放棄自己的權益（Don't waive your right）的目標

　　就個案的專案工程契約而言，如何讓專案團隊中的每一個成員都能確實瞭解契約之內容並且確實遵循（Compliance）契約之規定來履行契約（**know Your Contract**），是一個基本的工作。再者，做好所有契約文件的管理工作（**keep good record**）及維護**不放棄**自己的權益（**Don't waive your right**），可說是契約管理的另兩項重要的工作及目標。

　　以下是筆者針對如何使專案工程團隊成員瞭解並達成上述目標的一些具體做法，供大家參考。

(一)專案團隊集體共同分析研讀契約文件並相互討論

　　相較於其他商業交易，工程契約之組成及內容是比較複雜及豐富的。一個完整的工程契約，一般而言，包含了契約主文、基本條款、特定條款、圖說（設計圖及規範）等眾多文件，而所有之契約文件絕非任何單一專長的人員可以獨自研讀瞭解，所以不論是業主在草擬招標契約文件時或承包商在研讀投標契約文件時，均需由專案管理團隊的人員通力合作才行。以承包商而言，專案負責人員在取得投標文件後，

即應將投標文件依其特性分配給團隊中之業務、法務、契約管理、財會、技術設計及操作使用單位之人員各自仔細研讀，然後可以採用「研討會」或「讀書會」之方式由負責各個部分文件的人員，提出書面報告向所有參與的單位團隊人員提出契約各部分之規定及可能的問題，經由團隊人員共同的研討，非但可以讓專案團隊人員均瞭解商業條款與技術條款之規定及相互間之關聯性及影響，並可將契約條款中不清楚的地方在規定的期限內向業主提出澄清及要求解釋，更可經由團隊人員共同討論研究，亦可將可能之商業及技術之風險分析確認出來並找出解決或減輕、移轉風險的方法。此項工作非常重要，一定不可忽視，如果契約都不仔細研究清楚就去投標，則不啻自己將自己契約之命運提前葬送了（just sign your life away in the contract）。

　　而在業主方面，其在準備或草擬招標文件時，更須有具有不同專業及功能之團隊人員共同研究草擬之，千萬不要由工程人員獨自起草具有法律效果之文字，以避免未來之爭議和未能充分表達本身之需求，並充分保障自身的權益。

(二)建立各類「契約及技術文件之審查標準作業程序」（SOP）及「契約審查項目表」（Checklist）

　　當然契約之商業條款文件及技術文件規範等，需要專案團隊人員分工仔細研讀並召開會議仔細研討找出問題及風

險，並使專案團隊人員詳細瞭解其契約之各項規定及內容。但如果一個工程組織經常承攬各類工程，一般會接觸到的商業條款均有經常一般性相同之條款，而一個工程組織其是否對於此類一般性相同的條款有無任何既定之立場或原則，以及針對各項條款可以接受的底線或可以忍耐之風險程度及標準，有無明白地臚列出來供所有專案團隊人員依循或參考；而針對各種重要施工設備、系統或單元之基本需求及所需之技術條件，有無清楚詳細的檢查表供專案團隊人員於研讀審查契約技術文件時參考，相信是一個十分重要的機制及工具。

　　資深有經驗之團隊人員其研讀契約文件之認知及發覺問題的能力一定比資淺的同仁好，如果有一套完整的契約文件項目檢查表並清楚說明組織對各類契約條件之原則立場及標準，作為研讀審查之基本指引，相信必能使研讀審查契約文件的工作更有效率及更能掌握問題及風險之所在，而且建立相關契約商業及技術文件之標準作業程序及審查項目表亦必能有效地對資淺人員進行訓練使其儘早進入狀況，並會有助於經驗的傳承。

　　筆者建議一個工程組織，針對各類契約及技術規範文件一定要及早建立各類契約文件的審查標準作業程序，明確規範專案團隊人員之職責及分工，並亦應建立各類工程契約文件的審查項目表，使審查契約之工作能有效及確實地執行。

　　一個工程組織，一般而言，經常會簽訂之有關執行專案工程之契約大致會有「保密契約」、「工程承攬契約」包括建造契約、設計加施工契約及統包契約等；如為工程技術服務機構尚有各類型之「技術服務契約」包括設計、監造、專案管理契約等。另外因共同投標所簽署之聯合承攬協議書也是常會簽訂之契約類型。因此，筆者建議一個工程組織至少要訂定以上幾種類型之契約審查標準作業程序及契約文件審查項目表，方符契約管理之基本需求。

(三)製作「契約重要條文摘要節錄版」供專案團隊人員隨時攜帶查閱

　　專案工程契約之條款及文件眾多，專案團隊人員也不可能每個人均能熟記全部的契約條款及重要的規定，因此在做契約項目審查時，能夠由合約管理及負責技術規範之成員將契約商業條款及技術規範之重要條款及規範摘要整理節錄下來印成小冊子，讓專案團隊人員在執行專案工程時能夠隨身攜帶隨時翻閱，相信對契約之確實履行及權利義務的瞭解必有助益。

(四)訂定「專案團隊人員權責分工表」

　　另外，在契約執行的過程中，各類契約事項均會牽涉到專案團隊人員之共同分工及合作，為了達到「凡事有人負責」的目標，專案團隊負責同仁應該將專案團隊人員之專業

工作權責分工表做出來，讓全體專案團隊人員能夠知道自己
之角色及職責，每個人遇事不推諉，分工合作把工作做好。
當然在訂定本身團隊人員之權責分工表時，同時也要去瞭解
契約他方專案團隊人員的權責分工，讓專案團隊人員知道契
約他方對口單位及人員爲何人並瞭解其權限，並同時建立良
好的溝通管道，做好關係管理，相信必有助於對契約之深刻
瞭解及履行。

(五)訂定「契約應辦事項的時限管制表」

在眾多之各類契約中，往往在許多契約條文中均有要
求契約當事人在執行某項工作或提出某項通知或要求時，必
須遵守一定之時限（Time limit），而在許多國際契約中，
如果契約一方違誤了此類規定之處理或答覆期限，可能會被
認爲構成「棄權」的效果，或有時亦會有被「視爲」產生一
定的效果。對契約之權益的影響十分嚴格及重要。因此專案
團隊在開始執行契約時，應訂定一份「專案履行契約各項工
作辦理時限一覽表」，詳細列出：應辦事項名稱、要求之時
限、專案處理之程序、主辦人員、專案審核人員、契約他方
對口人員等項目，作爲管控機制。當然在做管制表的同時應
將應管制事項的詳細資料及文件整理及保管妥當，自不待
言。

(六)製作「契約各項文件送審管制表」

在執行專案工作時，從開工計畫、進度表、各類報告及圖說等等均需由承包商之專案團隊提送給業主（或專案管理顧問）審核，而此類契約文件、報告、圖說有無按規定提送或在合理期間內獲得審核或答覆，均對專案工程之進度及契約當事人之權益影響至鉅。因此在開始執行專案工程時，專案團隊負責人員亦應建立製作一份「契約各項文件送審管制表」，詳細列明：文件名稱、依據條款、提送單位人員、提送時間、審核單位人員、審核時間、收受審查結果之時間等項目，作爲執行文件送審之依據及管控機制。當然在做管制表的同時自應將應管制送審之文件的詳細資料整理及保管妥當，亦不待言。

(七)製作「求償爭議管制表」（Claim Control Log）

在專案工程之進行中，契約雙方難免會對價款的給付及工期進度的認定有所不同的看法，因此當契約一方提出要求調整價款或工期的要求時，就可認爲是一個求償案件[2]，求償案件如能順利解決就不會變成爭議，但如成爲爭議就可能會進入訴訟或仲裁的程序，將會影響契約雙方的權益，因此契約雙方均應建立一份「**求償爭議管制表**」（**Claim**

2　王伯儉著，《工程契約法律實務》，元照出版，2008年10月，頁282。

Control Log），詳細列明求償的項目、契約或法律請求權的依據、提出時間、處理的流程及進行之狀況、契約時限或法律的時效等細節項目，以便專案管理階層及契約管理人員均能清楚瞭解求償案件的進行始末，以確保權益。當然在做求償爭議管制表的同時自應將每件求償案件之文件的詳細資料及證據整理及保管妥當，自不待言。

(八)建立執行專案工程契約的各項工作程序書（Working Procedures）

以上(一)至(七)項所談的工作，均係著重於一個工程組織專案團隊於執行工程契約時，其組織內部的工作，但實際上如何使簽約雙方均能有效地執行專案工程契約，是一個更重要的課題。

目前許多專案工程契約中的條款規定，往往均偏重於權利義務之規範，而忽略了管理的機制，欠缺了增進契約當事人履約效率的程序及流程。有鑑於此，許多大型工程的業主專案工程團隊，往往會依據契約規定於訂約後執行契約之前，訂立許多工作程序書，要求當事人遵守；而在常見的國際統包契約執行中，常見之工作程序書有「工程變更程序書」（Change Procedure）、「請款付款程序書」（Payment Procedure）、「文件核准及審查程序書」（Approved and Review Procedure）等，而有些業主單位

亦會將本身一些內部作業規定及程序在執行契約過程中，要求承包商一併遵守，如果此類程序書能夠確實依據契約規定合理訂定，自會使契約雙方於執行契約之流程及程序上有所依據，並增進履約之效率，避免無謂之程序延誤；惟需注意者，業主單位應避免在制定此類工作程序書時，要求承包商提供額外或不合理之工作或支出額外不合理的成本，當然承包商在投標前就應充分瞭解業主單位的作業程序及工作習慣，將可能產生之人力、物力或成本的風險預先予以評估及考量並算入工程成本中，以避免因執行程序書之規定時，支出許多額外之成本並延誤了工程的進度。

目前在國際上，針對業主對承包商工作之管理，日本 Engineering Advancement Association of Japan（ENNA）在其制定之國際工程契約之標準版本中，針對工作協調、時程管制及品質管制有訂立十個工作程序書、分別為：WP1 Correspondence Procedure、WP2 Payment Application Procedure、WP3 Approval and Review Procedure、WP4 Works Change Procedure、WP5 Procurement Procedure、WP6 Expediting Procedure、WP7 Shop Inspection Procedure、WP8 Field Inspection Procedure、WP9 Progress Report Procedure、WP10 Commissioning and Performance Test Procedure，可資參考。[3]

3　王伯儉著，《專案工程契約管理》，五南圖書，2015年9月，頁64-66。

(九)做好文件管理之工作（keep good record）

在專案工程管理職工作中，文件是管理、儲存、處理是一向非常重要的工作，能夠達到「凡事有據可查」之境界和目標，非但有助於日後對專案工程履行之稽查及瞭解，更是契約雙方進行求償作業及爭議處理重要之手段及工具，故其重要性，不言可喻。

契約文件為何，廣義的契約文件應分為三大類：

1.正式簽訂專案工程契約前，契約當事人各自準備契約及投開標工作所準備之文件

其包括，但不限於：預算成本編列資料、詢價及估價資料、地質資料及工地勘查等，此類文件分別會由業主及承包商各自為準備開投標所收集及製作，此類資料如果充分詳細，在日後遇到契約履行或契約書內容中產生爭議的情況時，往往可以作為日後解釋契約、探求當事人真意之補充文件及佐證資料。所以此類文件必須要保存好，斷不可於投開標後就予以棄置。此部分簽約前的文件，其特性為係由契約當事人各自準備及管理。

2.雙方所簽訂之專案工程「契約書」

雙方所簽訂之契約書，即為狹義之契約文件，契約書即為契約雙方對契約履行所約定之需求，即所謂契約之規定

（Contract Requirements），舉凡工作範圍、計價付款的方式等均在契約約定範圍內，而此類「契約之規定」往往會因為規定的不適當或契約雙方解讀之差異，產生爭議，此時或許就需要前述簽約前之文件及下述簽約後之文件來補充。此契約的規定（契約書），其特性為契約之規定（契約書）大都是由業主單位單方所擬定及準備。依國內政府採購工程契約的規定，其文件大致有：

(1)工程採購契約。

(2)工程契約特別規定。

(3)招標投標及契約文件。

(4)工程標單。

(5)工程投標競價單。

(6)服務建議書。

(7)工程施工圖說。

(8)施工預定進度表。

(9)施工說明書。

(10)工程施工規範。

(11)廠商參與公共工程可能涉及之法律責任。

(12)得標廠商聲明書。

(13)投標標價不適用招標文件所定物價指數調整條款聲明書。

(14)廠商參與公共工程可能涉及之法律責任切結書。

(15)營造業承攬總額切結書。

(16)共同投標協議書。

(17)履約保證金連帶保證書。

(18)預付款還款保證連帶保證書等。

3.雙方簽約後因履行契約所製作之「履約文件」

　　雙方簽約後，在履約過程中會產生許多計畫、進度表、各種依時間週期或事件類型的報告、記載工程進行式之各項紀錄等文件，此類履約文件從另一個角度而言，就是記載實際的工作內容及所花費在工程上的時間的詳細紀錄及證據，此類文件也就是所謂「契約之履行」（Actual Work and Actual Reasonable Time）的證據，而一般我們所謂之「求償」（Claim）就是提出求償之一方必須先證明確認「契約之履行」超出「契約的規定」（Claim＝Actual Work and Actual Reasonable Time＞Contract Requirement）。[4]

　　此部分「履約文件」之特性，係大部分的文件係由承包商所製作準備或填寫而由業主方予以審核，因此製作填寫及審核確實與否，以及事後有無妥善保存和管理，攸關契約雙方的權益至鉅，不可不慎！

　　此部分專案工程常見的履約文件有（以建廠工程為例）：

4　王伯儉著，《工程契約法律實務》，元照出版，2008年10月，頁283。

文件類別	圖說或表單項目
計畫書	人員組織架構圖表
	主要預定時程表
	專案協調程序書
	專案執行計畫書
	專案設計計畫書
	專案購料執行計畫書
	（整體、分項）施工計畫書
	（整體、分項）品質計畫書
	整體安全衛生管理計畫書
	分項作業安全衛生管理計畫書
	緊急應變計畫
	試車前準備工作計畫書
	設備操作維護訓練計畫書
	價金請領程序書
	專案文件管制程序書
	專案控制程序書
	工作變更程序書
	專案檢驗協調程序書
	（整體、分項）生產檢驗與試驗程序書
施工計畫	施工順序及預定進度表
	施工中環境保護計畫
	廢棄物及棄土石清運計畫書
	交通維持計畫

文件類別	圖說或表單項目
	工地防災自主檢查表
	假設工程施工及品質計畫書
	臨時用電計畫書
	防颱防汛計畫書
	緊急應變計畫書
報表及紀錄	開工通知／報告書
	公共工程監造報表
	建築物監造（監督、查核）報告表
	公共工程施工日誌
	施工日誌
	週報表
	工程進度表（P3EC）
	月進度報告
	停、復工報告書
	材料自主檢查表
	材料設備品質抽驗紀錄表
	材料進場檢驗紀錄
	材料、設備抽（檢、試）驗申請暨結果判定單
	廢棄物過磅紀錄
	廢棄土石清運紀錄
	土資場遠端監控輸出影像紀錄
	竣工報告
	器材廠商及承包商PQ審查資料

文件類別	圖說或表單項目
會議紀錄	起始會議
	工程安全及協議組織會議
	工場佈置討論會議
	危害及可操作性分析討論會議
	方法流程設計討論會議
	機械流程設計討論會議
	管線規劃討論會議
	儀控規劃討論會議
	工場模型檢視討論會議
	定期進度追蹤會議
	施工會議
	驗收會議
	設備預檢（PIM）會議紀錄
圖說及手冊	方法流程圖（PFD）
	機械流程圖（P&ID）
	設備清單
	3D工場模型
	危害與可操作性分析（HAZOP Study）
	失誤模式與影響分析（FMEA/RBI）
	設計圖
	材料表
	施工圖
	竣工圖表（As Built）

文件類別	圖說或表單項目
	管線銜接圖（Tie-in）
	技術手冊
	廠商資料手冊
	操作手冊
	維護手冊
	防蝕手冊
	維修設備清冊
	建議備用零件表
	設備改善建議書
估驗結算、竣工	工程進度結算表
	結算期數彙總表
	工程、勞務採購結算明細表
	工期核算明細表
	工程（工作）竣工／驗收結算報告
	竣工工程固定資產清冊
	工程（勞務）結算驗收證明書

　　以上僅供參考，不同專案工程會有不同的文件需求及規定。

(十)建立文件管理的機制及處理流程

　　首先一個工程組織必須要有一個良好確實並有效率的**收發文機制**，能夠將每個專案收到的各種文件在第一時間內分

門別類地、準確地依據前述由專案團隊所制定的專案文件程序書（correspondence procedure）及「專案團隊人員權責分工表」、「契約應辦事項的時限管制表」、「契約各項文件送審管制表」等規定交由負責的單位及人員處理。

　　必須注意者，針對不同形式的文件（如信函、催告函、工地備忘錄、電子郵件等）應有明確地規定格式及寄送方式。更重要的是專案組織中不同當事人間究應要採用**「多點溝通」**（multiple contact point）或**「單點溝通」**（single contact point）之方式來溝通，應依據組織特性及專案工程的型態來決定，確保建立有效的跨職能，信息共享和關係管理體系並確保信息一致性及連貫性。[5]

　　當然，一般契約中均有「通知條款」（Notice）之規定，在制定相關的程序及流程時，應予以遵守不可忽視，以免導致通知格式不符契約規定而導致通知無效之效果。

(十一)報告及文件的製作

　　一個專案工程執行過程中，會產生的各種報告非常

5　單點聯絡方法其特性有：1.清楚；2.降低溝通錯誤及衝突；3.提高專案負責人員之責任感；4重複聯絡、深化關係。但專案越大越繁難，單點聯絡方法困難。目前國內政府工程主辦機關較多採行單點聯絡方法。多點聯絡方法其特性有：1.不同目的，不同專業；2.單點聯絡負荷大，易生瓶頸；3.擴大聯絡管道，關係不會因一人而受到影響。以上詳見：北京中交協物流人力資源培訓中心組織翻譯，《採購與供應中的合同與關係管理》，機械工業出版社，2015年7月，頁255-257。

多，有定期性的報告，也有的是依照事件性質所做的報告。
這些報告不但是記載履約的狀況，更是將來處理爭議時重要
的證據資料，所以如何有效地製作報告是一個非常重要的課
題。

製作報告應有下列幾個的關鍵重點：

1. 確認製作填寫的專責人員瞭解報告的意義及效果。

2. 依據規定的時間製作填寫並提送，切莫事後補做或臨
   訟製作，造成文件不實或不被採信的後果。

3. 依據事實製作報告的內容，不可有偽造變造的行為，
   造成違法的後果。

4. 審核報告的專責人員瞭解審核的意義及效果。該由自
   己製作的文件報告即不應由他方代筆而再由自己予於
   審核。

5. 審核報告要按規定週期或於事件發生後在收受報告後
   立即審核，切勿累積許多週期的報告文件後或拖延許
   久後再一次予於補簽致使無法確認當期的事實狀況，
   致使報告失真，或使當事人產生對事實內容認知不同
   產生爭議。

6. 記錄施工狀況的報告，要詳實記載每日之天候狀況，
   出工數、機具的使用狀況，工地影響施工進行的各種
   狀況原因、時間及受影響的結果，最好能呈現較具體
   的數據，少使用較抽象的文字說明。

7. 報告有再版更新或修正時要保存或記明修正的理由，並保留前後的版本。

8. 報告的管理及儲存要能夠分門別類按時間先後有系統地處理。

　　一個專案工程的報告種類繁多，也可能數量眾多，因此有關報告的製作、處理及保管所需的人力物力及成本費用也十分可觀，故專案工程組織應在事前就估算其所需之人力物力的成本。

(十二)會議管理的關鍵

　　和專案工程中的報告文件一樣，在整個專案工程進行當中會有許多的會議要召開，有按時間定期的會議，也有因事件發生後所召開的會議；無論如何這些會議都是在討論專案履約的問題。一般而言，會議所達成的結論和正式修正契約的效力不同，但會議的結論必竟是專案工程相關當事人間對某個事項的一個共同的瞭解和合意，對該事件而言仍然具有相當重要的影響力及效力，在訴訟或仲裁程序中往往會被解釋為是一種合意並有拘束參與會議之人的效力，故會議的召開及會議紀錄的處理，其重要性不言可喻。

　　既然會議如此重要，那麼在處理專案工程會議時，有哪些重要之事項要注意，以下為筆者的看法及建議：

1. 召開會議之前應該要先確認有清楚的議程及討論的議

題。

2. 不同的會議要指派具有不同專業或負責不同事務的授權專業人員參與，切莫隨意派員或派遣不瞭解討論事項的人員參與。

3. 針對討論的議題事前要有充分的準備，最好能夠把自己想要達成結論的文字事先草擬妥善，避免於會議結束時因無充分的時間思考且無充分的時間妥善準備運用文字撰寫會議結論，充分表達自身的意見，致使會議的結論無法達到自己預期的要求及目的。

4. 出席會議時於簽到單上的簽到和達成會議結論後對紀錄確認之簽名，兩者其意義大不相同，所以要注意會議紀錄上的簽名是會前在簽到單的簽名，還是達成會議結論後的簽名。所以要注意會議結束後最好能夠由雙方當場確認會議結論及紀錄並簽認之，避免會議結束後就匆匆走人後卻事後收到的會議紀錄和當場所達成的結論大相逕庭的結果。[6]

5. 在討論重要契約權利義務的會議時，建議充分利用錄音裝置將大家所討論的意見詳細記載，於會議紀錄未能反映真實之討論結論時可提出佐證，並在接獲會議之紀錄和會議當場討論的結論不一致的情況下，要儘

6　王伯儉著，《工程契約法律實務》，元照出版，2008年10月，頁293。

速提出更正的要求，千萬不應保持沉默，如果保持沉默不予回應則日後容易被認為是承認了這會議紀錄。

(十三)與專業顧問保持經常的聯繫

在平日處理各項合約管理工作及權利義務事項時，專案團隊及契約管理人員，應隨時與各類的專家，如律師、時程分析師、求償顧問等保持密切聯繫，千萬不要一知半解就率然處理專業的問題，等到發生錯誤了再尋求專家的協助，往往為時已晚！常說「Have lawyer at beginning, don't at end.」應該就是這個道理！

貳、結論

契約管理，就廣義而言，其實就是專案管理[7]，因此一個專案工程所需要進行的合約管理工作從契約訂定、契約履行至契約結案階段的工作是十分繁雜的，而契約管理之工作除了需要組織高層的充分重視支持外，更需要專案團隊所有的成員群策群力共同參與，而如何培養一位具有法律合約知識又能瞭解工程進行的契約管理人員是一個重要的課題。雖國內業界近年來有漸漸重視此部分工作，一些公司亦有開始設立契約管理的單位和部門，但因人才培養不易，國內尚缺

7　王伯儉著，《專案工程契約管理》，五南圖書，2015年9月，頁4-5。

乏對專案工程契約管理人材的全面訓練機構及系列課程，也造成契約管理的工作尚無法在國內工程業界生根；而國際工程又因外語能力的限制，致使國際工程市場上所需的專案工程契約管理人材均被洋人所把持及壟斷，非但費用成本高，工作的忠誠度也是一個值得考慮的問題。因此筆者呼籲政府、業界及教育界應注重此課題，以提升國內工程業界的競爭力！

　　專案契約管理的課題及項目眾多，除上述的平日較偏重於日常的契約行政管理工作外，尚包括工期進度的管理、設計管理、施工管理、採購管理、財務管理、品質管理等，因涉及各類技術專業，故不在本文討論的範圍。

　　因筆者長年服務於工程界之承包商方，下筆行文大都會較從承包商的角度出發，尚請讀者瞭解並指正之！

第六章 ｜ 分包管理

壹、「發包就不管、分包就不管」

　　相信任何專案工程，業主不論採用統包、總包或分項發包之方式發包，因大多數主承包商大多扮演管理的角色，而其必定會將許多工作分包（次承攬）給許多分包商來施做，故而真正在工程工地施做工作之人，可能並非主包商而係主承包商之分包商。目前政府採購法第67條有對分包之規定，而一般之工程契約中雖亦有「乙方將工程分包時需先向甲方報備並經甲方同意」的約定，而政府採購法第67條第2項及第3項亦有得標廠商就分包部分設定權利質權與分包商及分包商就其分包部分與得標廠商連帶負瑕疵擔保責任之規定，然因許多業主單位人員，可能囿於人力及專案管理的能力，往往會有「發包就不管」的心態，致使事前對主承包商所使用之分包商並無評估選擇的要求，而事後又無嚴格要求分包商報備管理的機制及如何管理之做法，如遇不肖的承包商及分包商，工程被剝皮多次，造成層層分包或違約的情事，屢見不鮮。而發生問題後又因無分包管理之機制及做法，發生問題時對工地的各種人、機、料的情況往往都沒有

任何資料及紀錄可供參考，進而造成不可收拾的結果，影響業主之工程進行及權益。

　　而對主承包商而言，因分包商為其履約之輔助人或使用人，對業主工程契約是否可以圓滿履行必須仰賴眾多分包商是否配合，故主承包商更不能有「分包就不管」之心態，必須更加強「分包的管理」才能做好履約的工作，而不致產生對業主違約之結果及風險。

貳、從承包商之立場談分包管理

一、分包部門及分包管理制度之建立

　　許多大型之承包商，往往在其內部組織中會有一個專門負責採購、發包的單位，統一負責分包商及供應商之登記、評估及辦理公司組織內所有之工程分包採購作業的工作，俟分包契約或採購契約簽訂後，則將分包契約之執行交由專案施工部門辦理，而日後對分包商之績效評估作業再由負責採購及施工單位共同辦理；此種辦理分包之設計係在組織內部採取一種中央統一及集權之方式。而亦有以地區或分包金額作為區分之標準，而將所有分包管理工作依工程所在地或一定金額授權範圍作為劃分，並交由實際負責工程之區域部門或工程部門負責，此之所謂地方分權之方式。亦有認為對於工程，應在專案管理部門下設立分包工程管理之部門，負責

分包、工程分包契約、分包工程進度、品質、付款及安全等
的管理工作。[1]惟不論採取何種方式，事實上就中大型工程
而言，在專案工程組織中設立分包工程管理之單位，實屬必
要。對承包商而言一個工程面對之業主只有一個，但必須面
對的分包商往往卻有許多，就契約管理之工作而言，許多工
程機構，負責分包商契約管理人員的數量往往超出負責業主
契約管理人員的數量，故要做好分包管理的工作，工程組織
一定要設置一個專責的部門，並訂立詳細之分包管理及控制
制度，從評估分包商資格能力，關係管理，文件契約之準
備、分包招標管理、分包工程財務管理、進度管理、品質管
理以及分包商績效評估及評價辦法等工作，均要做好一套完
整之作業制度，讓分包管理工作及專案工程組織人員均有所
遵循。

　　根據「國際工程總承包項目管理導則」之建議，分包管
理的制度重點有：分包項目之決定、招標管理、招標文件之
準備、分包工程管理、機械設備管理、財務管理及分包商之
評價辦法等，可資參考。[2]

1　中國對外承包工程商會，《國際工程總承包項目管理導則》，中國建築工
　　業出版社，2013年6月，頁87。
2　中國對外承包工程商會，《國際工程總承包項目管理導則》，中國建築工
　　業出版社，2013年6月，頁78-79。

二、承包商本身之「核心能力」不應作爲「外包」或「分包」的標的

所謂「外包」（Outsourcing）是一個組織策略性地將原本組織內部應自行承擔的工作交由一個外部的承包商來承包的一個模式，而「分包」（Subcontracting）是在一個組織本身出現資源短缺或能力不足時，使用外部組織完成其自己無法完成的工作。[3]

是故，一個專案工程項目，在本身資源短缺或成本之考量下，是可以將本身應提供之服務及工作，以外包或分包的方式交由第三人來提供。但任一個承包商應明確瞭解，其不可長期地將屬於其本身核心能力之工作以外包或分包的方式交由他人辦理。如果長期依賴他人，則本身核心能力將無法進步或不復存在，會使該組織的競爭能力退化而被市場所淘汰。是故，承包商在決定分包工作及項目時一定要嚴肅地考慮此一課題。在國內許多工程採購契約中均會規定該工程之「主要部分」必須要由承包商自己承作而不可轉包或分包，如有違反可能導致違約而被終止契約，但因承包商往往會採取其他方式規避，例如，將工程拆成採購物料及人力服務兩部分發包，加之業主往往監督不力，致使許多皮包公司仍然存在，造成問題。

3　北京中交協物流人力資源培訓中心組織翻譯，《採購與供應中的談判與合同》，機械工業出版社，2015年9月，頁70。

三、建立與分包商「關係管理」之原則及辦法

此所謂之「關係管理」，並非一般單純所稱維持良好人際公共關係之謂，而是承包商應建立一套原則及辦法，去決定如何和分包商開始建立關係、維持關係及終止關係，其包括以下幾個重點，僅分述如下。

(一)應有一套良好客觀選擇評估分包商能力之方法，以決定是否開始與該分包商建立關係

要選擇一個良好之分包商並和其建立合作關係，承包商一定要建立一套評估選商之辦法。

首先，在選擇分包商時，一定要對其做好「盡職調查」（Due diligent）的工作，舉凡對分包商之組職、型態、資本、財務狀況、人員組織、信用狀況等均應有清楚的認識及瞭解，有關此節，可參考拙著《專案工程契約管理》（五南圖書，2015年3月）一書中，附錄二中廠商辦理資格預審所列之項目。

再者，針對不同類型、不同規模及不同施工技術能力等級之分包商，可以分門別類地規範其所需之人力、組織、財務能力及施工技術能力之門檻及基本要求，以確定該分包商是否確實有足夠之資源及能力來彌補承包商本身資源之不足，扮演好承包商使用人或履約輔助人之角色。

(二)根據該分包商之能力去決定和該分包商應該發展建立哪一類型的關係型態

　　許多專家學者從關係的緊密程度、互惠性、信任度等角度，把商務關係的類型分為「對立關係」、「交易關係」、「單一供應源關係」、「外包關係」、「夥伴關係」、「策略聯盟關係」等。[4]

　　在評估選擇良好之分包商後，究竟應該與其發展哪一類型的「關係」，應該視該分包商之能力、規模及該分包商其本身有無明確的業務發展策略來訂定，針對一個新的分包商，可能在一開始承包商可以先和其簽訂一份金額不大的契約，從小規模之契約之履行來測試其履約之能力，如果其表現良好再適度採漸進地方式將其轉換成長期固定合作之分包商。另應注意的是，針對分包商在同一期間內，其可以承擔工程業務之能量上限，亦應予於考量。有時分包商在履行單一契約時可能表現良好，可是如果要其在同一時段內同時履行數個契約，往往會囿於其人力、物力、財務調度等資源之不足造成負荷太重致無法順利履約的結果，造成嚴重的後果。

　　如果分包商之能力、規模足夠或其有研發成長之動力及良好的業務發展策略，承包商也可以考慮與該分包商之關

4　北京中交協物流人力資源培訓中心組織翻譯，《採購與供應中的合同與關係管理》，機械工業出版社，2015年7月，頁16-17。

係，可以升級至「策略聯盟關係」或「夥伴關係」以建立長期性的合作關係。

(三)如何維持及管理「關係」之進行，並透過績效評價及評核之方式來決定是否將「關係」升級或降級甚或終止關係

與分包商建立某種「關係」後，如何促進雙方之互信、合作使雙方能夠互動良好，對契約之履行採取積極有建設性的態度及方式等節，拙著《專案工程契約管理》書中第五章「關係管理」中已有討論，於此不再贅述。惟筆者建議，凡是業主或主承包商應避免成為「噪擾型的客戶」或「盤剝型的客戶」而應成為分包商心中「開發型的客戶」或「核心型的客戶」[5]，如此才能吸引優良之分包商提供優良之服務，而避免許多爭議之發生。

績效之評估項目自然可以專案工程管理的重點來訂定，舉凡人力組織、財務、品質、進度、工安環保等均可訂定績效考核的指標，由專案分包管理部門予以定期考核及評估，做出客觀的報告，供專案管理部門參考，以決定與分包商合作關係之繼續維持、變更或終止。

業主及主承包商亦應對分包商之履約表現及績效，訂

---

5 北京中交協物流人力資源培訓中心組織翻譯，《採購與供應中的合同與關係管理》，機械工業出版社，2015年7月，頁51-52。

定有效之激勵或處罰方式，例如針對表現優良的分包商可以提供其更多、更長期穩定的契約量，以便於分包商可以有更多之人力、物力及資源進行工作能力之改進及提升，或給予其更佳的利潤空間或更好是付款方式等均為適例。有些業主或主承包商更會定期召開分包商（或供應商）年度大會公開表揚表現優良之分包商或供應商，也是一種關係管理的好方式。但對於表現不佳之分包商或供應商也應該建立公平合理之懲罰措施，例如減少契約交易量、將雙方之關係降級，終止關係、提出索賠之要求。換言之，在分包商管理中如何恩威並用，胡蘿蔔和棒子妥善交互運用，是一項重要之工作及學問。

　　另外，與分包商關係亦應隨時依績效評估的結果適當地調整，有時長期性的合作關係會引發依賴性及能力成長之停滯，並因雙方關係良好，執行階層如有勾串，亦容易造成舞弊之風險，是故如何深化關係管理，實是一個重要的課題。

　　以上有關建立分包商「關係管理」之原則及辦法，筆者認為亦可適用於業主對主承包商及其下層分包商，及主承包商與其分包商及下層分包商之管理工作上。

四、工程分包之策略及方式

　　如何將工程分包，實務上並無一定之鐵律或固定的做法，專案工程分包管理部門應依據業主主契約之規定及專案

工程之性質、分包商施工能力及施工能量、工程當地施工資
源是否足夠及工程介面劃分等因素，來決定分包工程的策略
及方式。例如僅採勞務分包的方式或將工程項目以「垂直」
或「水平」之方式分包，或採單一分包或多數分包（部分
分包），或按工程之進度採一次分包或分次分包等。當然將
專案工程切分的越細給越多的分包商，因小型分包商之管理
費及成本較低，可能會降低主承包商之成本，但卻因分包商
太多必須要增加主承包商之管理人力成本，且如因分包商太
多，如果工作範圍劃分不清，容易產生介面問題，造成工作
結果之責任不清的爭議。如果專案工程中部分工作之數量龐
大或工期較長，則不宜將該部分工作採一次性地交由一個分
包商辦理，應避免「將雞蛋放在一個籃子中」的風險，而是
可以採多數分包或依進度分次分包之方式辦理，如遇到一個
分包商有履約不力之情形時，可以隨時找到替代的廠商，不
致產生嚴重的後果。

　　至於，在業主有指定分包商之規定時，主承包商如果
有證據有理由可以證明該指定分包商是沒有能力或藉故抬
價時，應積極向業主提出異議或拒絕，或在與指定分包之
契約中，訂定指定分包商應保障主承包商權益之條款，以
維護主承包商自身之權益[6]。又依最高法院97年度台上字第

6　中國對外承包工程商會，《國際工程總承包項目管理導則》，中國建築工
　　業出版社，2013年6月，頁85。

980號判決：「惟按民法第二百二十四條規定：『債務人之代理人或使用人，關於債之履行有故意或過失時，債務人應與自己之故意或過失負同一責任』。實乃因債權以債務人之財產為總擔保，債務人就其所負債務之履行，常藉他人之行為以為輔助，用以擴張自己之活動範圍，增加利潤。故而由於其代理人、使用人因故意或過失致有債務不履行情事者，債務人就此危險所生之損害即應負擔保責任。所謂使用人係指為債務人服勞務之人，凡事實上輔助債務人履行債務之人均屬之，不以負有法律上義務為必要，故不限於僱傭人與受僱人關係，亦不以在經濟上或社會上有從屬地位者為限。只要債務人於必要時，即得對該第三人之行為，加以監督或指揮者即足。故得選任、監督或指揮第三人，為履行債務而服勞務者，該第三人即屬使用人，其所服之勞務不問為履行債務之協力，或為全部或一部之代行均足當之。……」依此判決可知，如主承包對分包商有監督或指揮權者，則主承包商應對分包商之故意過失負同一責任，不可不知。惟亦有判決認為：「如債務人之履約債務履行之第三人，其於履行債務時有其獨立性或專業性，而非債務人所得干預者，即無上開過失相抵法則之適用。」（最高法院91年度台上字第2112號）。以上相關案例值得工程業界參考。筆者更認為，如主承包商對分包商或供應商無選任的自由及權利時（如前述之指定分包商的情形），是否仍須對該指定分包商或供應商之

違約行為或故意過失負責，實值商榷！

五、分包契約之幾個重點

(一)與主契約一致之原則

　　在準備分包契約時，一般而言，主承包商都會遵守「與主契約一致的原則」，也就是採用「背靠背」（Back to Back）及「前後作業一致」（Flow Down）方式來撰寫契約條款。當然相關之作業方式及文件技術要求，一定要與主契約之規定一致，而且主承包商和各個分包商對技術方面之作業方式，例如均採用公制及相同的技術標準，應該上下前後一致，此應為「前後作業一致原則」之要求。然對於「背靠背」之原則，因主承包商和分包商所執行之工作範圍不同，責任不同、風險分擔之範圍也不同，筆者認為在商業條件上，例如付款方式、逾期責任、保固責任、風險分擔及損害賠償責任上，主承包商應考量分包商之規模、能力及承包範圍，而以公平合理的方式予以調整及規範，而不應將所有主契約之規定及責任全然原封不動地轉嫁給分包商，以免造成小分包商必須承擔過多主承包商應該承擔之風險與責任，而造成問題與爭議。

(二)分包契約之格式問題

　　如果可以在每個特定之專案工程均依主契約之規定制定

一套分包契約之格式應屬最佳，但如此作業可能會耗費許多
人力和物力，對主承包商而言，在分包商過多時並不經濟，
故許多大型主承包商平日可能均有一定制式之分包契約標準
條款及格式，但主承包商之專案管理部門之人員在使用此類
制式分包契約格式辦理分包作業時，一定還是要仔細研讀主
契約或分包契約格式中所使用之各項名詞及條款規定用語有
無衝突牴觸之處，如果有衝突不一致之處，應明確地挑選出
來，在特定之條款中訂明，以杜日後對契約解釋所產生之爭
議。

　　有許多主承包商之專案管理部門，往往爲了便宜行
事，會將整套主契約作爲分包契約之附件，然後在契約優先
順序之條文中載明如果有衝突，以「主契約」或「分包契
約」爲準，然因主契約和分包契約是由不同單位的人員所擬
具，而且主承包商和分包商角色不同，其用語及規定在解釋
上一定有許多不同之處，故如經常發生生衝突不一致的狀
況，雖有以哪個契約爲準之約定，但事實上仍無法杜絕爭
議，值得注意。

　　當然大型分包工程和小型零星工程，專案管理部門可以
制定較爲繁複仔細及較爲簡單之契約格式分別適用之，亦是
一種常見的做法。但無論如何，均應逐案配合主契約之規定
及用語，在分包前做合理之調整。

(三)分包契約之工作範圍及規格

　　承攬契約之重點在於承攬人須為定作人完成「一定之工作」，而在工程契約中「一定之工作」就是工程之工作範圍，而工作範圍就應包括了工作的內容以及工作之規格；在傳統設計完成後再行發包的工程中，因圖說均已由設計單位完成，而在大多數之情形下，規格均需採用「一致性規格」（Conformance Specification），故在辦理分包時，只要分包商能夠有能力確實按圖施工、依規範施工就不致產生任何問題。但在許多統包工程中，統包契約對承包商之工作範圍及實際之工作項目在簽約時，往往並不十分明確，必須等到細部設計完成並經核可後才能確認，加上統包工程所規定是規格大多是「功能性規格」（Functional Specification），如果分包商不具備相當之技術能力及水準較難以本身之能力完成工作，是故承辦統包工程之統包商，除非分包商之能力足夠，應該儘量在圖說完成並能提供詳細之規格規範的狀況下再行辦理分包作業，以避免問題的產生。

　　另一個值得注意者，主承包商在訂定分包契約之工作範圍時，一定要明確劃分及規範清楚分包工作之範圍，不要產生任何與主契約之間的差異，避免許多介面工作之不清，造成主承包商和分包商或眾多平行分包商間工作範圍不清楚所產生的問題。

(四)分包契約之計價付款問題

　　一般而言，在主契約是一個「總價契約」時，則其於「背靠背」之原則， 主承包商爲降低自身風險，在分包契約中亦採用總價契約之模式，而如果主契約是「單價契約」時，則主承包商可以在分包契約中採用「總價契約」或「單價契約」之模式。[7]

　　但筆者認爲，畢竟分包商之資歷及財務能力無法和主承包商相提並論，而其在專案工程中所應承擔之責任也和主承包商不同，而以國內工程業界之習慣，有時「總價契約」會被解釋爲「包山包海」的契約，易生爭議亦不符關係管理之精神。因此是否與主契約採用相同「背靠背」之模式，實有討論之空間。再者，不論分包契約採取總價契約和單價契約之模式，筆者認爲在訂定分包契約時，契約之工作範圍一定要明確，圖說、規格及數量明細表一定要詳實編制，否則易生爭議。雖然採單價契約，契約之價金是按實作數量結算，看似合理公平，但簽約時在數量明細表所編列之數量多寡，除單價是否合理外，就分包商對人力、機具之動員貨或工期估算是有絕對的關聯性，如果工作範圍不明確及數量差距過大，如無合理調整機制，則必生爭議。筆者曾遇到過某承包

7　中國對外承包工程商會，《國際工程總承包項目管理導則》，中國建築工業出版社，2013年6月，頁83。

商將一個建廠專案工程中某一個單位區塊內之所有工作採用總價契約方式發包，並約定一個限期完工之工期，但在數量明細表中有一個預估數量，結果實際施作之數量和契約數量明細表中之數量增加許多，結果因工作範圍不明確及數量編列不正確係可歸責於主承包商之故，主承包商非但無法對分包商主張逾期違約金，尚被仲裁庭認為須對分包商給付額外價金，實值參考！

　　另一個值得探討的問題，就是主承包商要何時付款給分包商，除了一般之預付款外，在慣例中，許多主承包商為控制財務及現金，減少風險，往往針對各期之「估驗款」、「保留款」及「尾款」及「物調款」等給付，會採取和主契約掛勾的方式，也就是俗稱「業主付款後支付」（Pay after Paid）、「業主付款時支付」（Pay when Paid）或「如果業主付款我才支付」（Pay if Paid）的方式，主承包商採用此方式固然有其考慮，但因分包商是否取得工程款之風險全由主承包商轉嫁給分包商，為合理分配風險及保障實際提供勞務及工作的分包商，許多英國法系的國家，均已有案例及立法明文禁止此種約款。以新加坡為例，其「Building and Construction Industry Security of Payment Act 2005」（SOP Act），即有針對在新加坡境內之工程及採購契約，禁止契約約定「條件式支付工程款條款」，該SOP Act規定：於建造契約或採購契約中規定「條件式支付工程款

條款」（Pay When Paid, Pay If Paid, and Back to Back Payment Provisions）不生契約效力。該法所稱條件支付條款為：1.一方的付款義務是以該方收到第三人支付的全部或部分款項為條件；2.一方的付款到期日是以該方收到第三人支付的全部或部分款項為條件；3.一方的付款義務或付款到期日是以雙方另行訂定其他契約或協議為條件。

而馬來西亞亦在2012年制定「Construction Industry Payment and Adjudication Act 2012」（CIPAA），其中禁止契約約定「條件式支付工程款條款」，CIPAA規定：於建造契約或監造契約中規定「條件式支付工程款條款」（Pay When Paid, Pay If Paid, and Back to Back Payment Provisions）不生契約效力。該法所稱條件支付條款為：1.一方的付款義務是以該方收到第三人支付的款項為條件；2.一方的付款義務是以該方可取得資金時或融資貸款有減少時為條件。更有進者，上開SOP Act及CIPPA中均有設定法定付款糾紛解決機制及如契約當事人未在法定期限內為特定行為之效果，例如依SOP Act之規定，當事人應於法定期限內為特定行為。應特別注意的是，欠款方收到被欠款方之付款請求（Payment Claim）時，除須於「法定期限」內向被欠款方提出「付款回應」（Payment Response）外，付款回應並應以「書面」為之，並載明SOP Act規定之「應記載事項」；欠款方如未於契約規定或法定期限內送達「付款回

應」並記載法定應記載事項時，欠款方不得於裁決程序中主張相關抵銷或扣減抗辯。

　　而在美國，目前有許多州均立法針對Pay if Paid、Pay when Paid做出規定，有些州法會認為此類條款是一個無法執行（Unenforcable）的條款。除此之外，在美國承辦政府工程之主承包商往往會被業主要求提供一份「付款保證」（Payment Bond）給業主作為保證支付給分包商及為本工程提供勞務材料之供應商或勞工之保證，而在許多州，如果任何提供工作之分包商（不管是哪一層級）或人，如依約未獲付款時，均可針對該工程向法院主張其在工程上之權利（所謂Lien）。上開立法對真正提供工作、勞務之分包商而言，可以說是保護周到。而反觀我國之立法，除了政府採購法第67條第2項有分包契約如經報備於採購機關，可就分包部分設定權利質權予分包商之規定外，其餘法律對分包商之保護顯屬不足。

　　在國內，有關此問題，臺灣高雄地方法院99年度建字第43號民事判決值得喝采及關注，謹節錄部分判決理由如下：「……又系爭契約之一般條款第18.3.2條約定：『高雄捷運公司於收到承包商之付款申請並經高雄市政府完成核定並付款後，通知承包商提送發票，七個營業日內付款。』上開約定是否可認為係業主付款後被告才產生給付義務之約定？意即業主付款是否為被告付款之條件或期限？關於此

點，首先必須辯明者，本件工程之業主為高雄市政府，高雄市政府與被告簽訂主承攬契約後，被告再就低壓配電工程與原告簽訂系爭契約，故系爭契約可稱為次承攬契約，與主承攬契約為兩個截然不同之契約。按契約之解釋，應探求契約當事人之真意，本應通觀契約之全文，依誠信原則，從契約之主要目的及經濟價值等作全般之觀察（最高法院74年度台上字第355號判決參照）。查系爭契約本即為工程承攬契約，其主要目的為原告依約完替被告完成工作後，原告可如期取得承攬報酬，被告則可獲得施作完成之工程。系爭第18.3.2條約款若解釋為以業主付款為被告付款之條件或期限，將會使業主無法付款或遲延付款之風險轉由原告承擔，對原告甚為不公平，且不符合系爭契約係以完成工作取得工程款之本旨，故除非系爭契約明示契約當事人移轉風險之真意，例如明確以文字約定，若主承攬人（被告）無法自業主取得工程款，次承攬人（原告）即無工程款債權或請求權等語，否則應由主承攬人（被告）承擔是項風險，如此解釋契約並分配風險始符合公平及契約本旨。依此，該第18.3.2條約款不能解釋為契約付款之條件或期限，其規範目的係在使主承攬人於工程完成後得以合理延後付款期間，以便主承攬人在此期間內有足夠的機會自業主獲得付款，也就是該條款僅創造給付時程而已，而非創造一種付款義務的先決條件，於業主不付款或遲延付款之情況下，承攬人僅得遲延一定合

理期間付款而非免除其給付義務。依據契約一般條款第18.1條之約定，勘驗計價以『投標須知』附件C之『計價里程碑』爲準，而根據該計價里程碑之約定，紅橘線系統正式驗收完成時，被告即應給付全額之工程款。如前所述，原告已於契約所約定之期限內完成系爭工程，系爭工程也已全數驗收通過，而高雄捷運也在97年9月全線營運通車，有高雄市政府99年5月24日高市府捷綜字第0990027345號函覆本院之『高雄捷運紅、橘線路網完成各階段通車營運準備之行政程序彙整表』可按（卷一，頁247），是本件早已超過契約所約定給付工程款之期限多年，揆諸前開說明，被告雖可依第18.3.2條約款遲延一定合理期間付款，但遲延多年顯已超過一般交易常情而難謂合理，故被告執該第18.3.2條約款辯稱高雄市政府迄今未給付上開原告所請求之物價指數調整款予被告，被告之給付義務發生之條件尚未成就云云，自不足採。」[8]**此案例值得主承包商注意。**

又在大型工程中，主承包商和業主之間，爲使請款付款作業有所依循，均會訂定所謂之「請款付款程序書」（Payment Procedure），針對各類工程款項之請款付款，包括預付款、保留款、尾款、保證書、現金管理及匯款作業等事項予以全程管理，此項作業自亦可適用於主承包商與分

---

[8]　此判決筆者認爲是破除舊做法的創新判決，而又爲第一審判決，值得讚賞，惟因兩造於二審達成和解，故無法知悉上訴審對此問題的見解。

包商之間，自不待言。惟更應注意者，業主對主承包商、主承包商對分包商均應在契約中約定工程款查核的機制，以確保工程款項能夠專款專用到工程上，而不會被挪為他用。

至於付款所使用之貨幣，在國際契約中，主承包商自可考量主契約所使用的貨幣及外匯風險之控管，或與分包商之約定，予以決定。

(五)材料及設施之供應及使用

案例：某統包商將某電廠工程之煙囪工程發包給某一具有以滑動模板專長之分包商施工，因該電廠工程統包商設有專用之混凝土拌合場，故煙囪施工所需之混凝土材料就由統包商所設置混凝土專用拌合場供應，因混凝土之配方及試體係在施工前之冬季所設定及檢驗，而煙囪之施工在夏天，施工時發現混泥土有時會乾燥的較快，有時會在脫模後造成混凝土表面產生不平之狀況，而需花費人力物力予以改善，而有時混凝土卻乾的較慢，造成滑動模板脫模較慢，影響工程的進行，並造成模板施工廠商的人員在現場閒置，並造成工期延誤，以致煙囪滑動模板之施工廠商以混凝土材料係由統包商所供應為由，向統包商提出展延工期及費用之求償。

在工程的實務上，承攬人使用定作人所提供材料的情形十分多，因此在管理上就會產生兩個問題，一個是如果材料產生問題對完成的工作而言，究竟誰應該負責？第二個問

題，承攬人對定作人所提供的材料及機具等，究竟應該如何保管、使用才不致有濫用及浪費情形發生？

　　依上述之案例而言，統包商固然可以依民法第496條：「工作之瑕疵，因定作人所供給材料之性質或依定作人之指示而生者，定作人無前三條所規定之權利。但承攬人明知其材料之性質或指示不適當，而不告知定作人者，不在此限。」之規定，主張施作煙囪滑動模板的專業分包商應該對混凝土材料之是否有問題，有事先告知的義務，但依上開法條之規定，究竟在什麼情況下才會構成該分包廠商有違反「明知而故意不告知」之義務，其實是一個不容易舉證證明而且有爭議的問題；因許多專業的分包商對專業工程部分之知識往往要比統包更專門，故如果在契約中明確課予分包商有事前檢查、查驗材料之義務，相信當能減少紛爭，對統包商而言，也是一個減少介面風險的做法。在上述的案例中，筆者認為，在分包契約中如果統包商能夠事先加註一條「在混凝土供應前，專業分包廠商應對混凝土之配方及合格與否有事先查驗之義務，經專業分包商檢驗合格之混凝土方能運至工地使用。」之規定，相信必可杜絕分包商之求償，亦可進一步確保工程之品質，並不致產生任何工程之延宕或停滯。

　　另一方面，針對承攬人使用定作人所提供之各種材料、機具設備等，定作人方面一定要針對提供各類材料及機

具設備之數量，合理損耗、使用、保管等問題在契約中詳細
規定兩造當事人的責任，並在施工中做好材料及機具設備供
應、使用、保管、數量查驗之流程及管制工作，並製作相關
之管制文件或報表，確保材料、設備能被妥善的運用及保
管，並留下詳實的紀錄及證據，方不致產生任何之浪費或權
責不清的情形。

(六)變更之管理

　　所謂變更係指任何契約約定工作之變更或修改。而工作
有變更，則一定會影響工程價款及工期。對主承包商來說，
其業主主合約之變更一定要和與分包商合約之變更流程緊密
掛勾，首先在主契約中，當業主有變更之要求（Request for
change proposal）時，主承包商一定要爭取合理足夠的時
間去提出對變更之估算（Estimate for change proposal），
如果該部分係屬分包商之工作範圍，如分包商沒有足夠的時
間去提出估算則必然影響著主承包商對業主的變更作業。在
國際工程契約中，有時業主會規定主承包商必須在一定之時
間內提出變更對成本及工期之估算要求，如果違誤該時間有
時會有造成不可主張費用或工期失權之效果，不可不慎。是
故，針對分包商之變更，因主承包商是夾在業主和分包商的
中間，一定要有合理的溝通及作業時間。

　　第二點要注意的，主承包商一定要掌握好「業主—主承

包商—分包商」，此一貫之變更指示流程，切莫在未與業主協議變更細節前就先與分包商達成協議，反之亦然。主承包商一定要掌握好上下游作業一致的原則（Flow Down）及掌握「背靠背」（Back to Back）之原則，方不致影響主承包商本身之權益。

當然，主承包商在與業主訂立相關之「工作變更程序」（Work Change Procedure）時，一定要將分包商之作業所需的時間、流程等因素考慮進去，以便順利做好變更的工作。

當然，針對變更後之計價及如何協議新增項目之合理價格，宜在分包契約中有明確之約定，另如在變更過程中雙方產生爭議，亦應約定爭議之處理及解決機制，以為雙方之權益。

(七)工期及保固問題

有關對分包商之工期進度管理，固然依「國際工程總承包項目管理導則」之說明，有下列重點，可資參考，即：

進度管理：

1. 要求分包商提出基準進度計畫（Base Line Schedule）（專案要徑法時程計畫表基準）。

2. 基本進度計畫應註明整個工程項目和各個分項工程項目所使用的資源及配置狀況：

(1)人力。

(2)設備。

(3)材料。

(4)財務等。

3.嚴格控管進度計畫執行狀況、定期考核、督促改善，
　檢查重點有：

(1)完成工程量。

(2)人力、機械設備之數量及其效率。

(3)進度偏差之情形。

(4)影響進度之原因。

4.要求定期提交更新的進度計畫。

5.如進度落後，則承包商應以書面要求分包商修訂進
　度，採取必要措施，改善設計或施工進度。

6.未能如期完工，處以逾期違約金，如顯無法完工，考
　慮終止契約或採取其他救濟方式。[9]

　惟筆者認為依一般實務，如果分包商之規模不夠或無合
格良好的時程工程師，則上述之要求可能甚難達到。也有些
分包商藉故或遲遲不提供相關的時程文件，則在此情形下，
主承包商之專案管理人員，就必須負起詳細監督及記錄之工
作，平日做好每日施工作業之詳細記錄，包括分包商出工人

9　中國對外承包工程商會，《國際工程總承包項目管理導則》，中國建築工
　業出版社，2013年6月，頁87-88。

數、機具使用狀況、工程項目完成數量等，切莫任由分包商隨意填寫提交不確實之施工日報表及相關報告文件。如無法更換分包商，主承包商之管理人員並必須主動根據分包商之施工狀況，定期修正或更新分包工作之進度表，並要求分包商人員予以簽認，以確認分包商之實際進度，並明確證明分包商進度延誤或落後之責任，作為科以分包商逾期違約金或須提前終止契約時之佐證。

有關工程保固的問題，也是主承包商在辦理分包契約時另一個重點，通常整個工程之保固責任及保固期間之起算，依契約及工程性質之不同，往往會從「全部工程驗收合格」或「全部工程由業主接收日（Taking Over）」起算。但因分包商所負責的工作，可能只是部分工作或全部工程前期的工作，如果分包商之工作也要等到全部工程完工驗收合格後才起算保固期間，在實務上並不實際且對分包商也不盡公平合理；且如果整個工程係因主承包商之原因致無法「驗收合格」時，分包商之權益易受嚴重之影響。針對國外器材之供應，實務上，有許多供應商針對貨品或設備之保固責任及保固期間起算，往往會以「交貨後十八個月」或「全部完工驗收後十二個月」，並已先屆至者為準，作為約定之保固期限。如果主承包商整體工作延誤，往往依主契約要開始計算整個工程之保固期間時，分包商或是供應商部分之保固期已過，主承包商就必須獨自面對因保固責任所產生的風險。

因此主承包商在辦理分包工作或採購時，如何確實掌握時程做好分包及採購工作，避免須獨自負擔保固責任或必須支付額外延長分包商或供應商保固責任之費用，是一個重要的問題。

另外，我國民法承攬篇，有規定承攬人之「瑕疵擔保責任」，並在民法下述法條，即：

第498條：「第四百九十三條至第四百九十五條所規定定作人之權利，如其瑕疵自工作交付後經過一年始發見者，不得主張。

工作依其性質無須交付者，前項一年之期間，自工作完成時起算。」

第499條：「工作爲建築物或其他土地上之工作物或爲此等工作物之重大之修繕者，前條所定之期限，延爲五年。」

第500條：「承攬人故意不告知其工作之瑕疵者，第四百九十八條所定之期限，延爲五年，第四百九十九條所定之期限，延爲十年。」

第501條：「第四百九十八條及第四百九十九條所定之期限，得以契約加長。但不得減短。」

明文規定「瑕疵發現之期間」，然「瑕疵擔保責任」和「保固責任」究竟爲同一責任或不同的兩個責任，法院判決亦有分歧，惟一般通說認爲「瑕疵擔保責任」，性質上係承

攬人法定無過失責任，而「保固責任」則爲契約所約定之責任，在實務上，如果「保固責任期間」已屆滿，而「瑕疵發現期限」尚未屆滿時，定作人尚可依民法上開之規定主張權利，此爲定作人及承攬人所必須瞭解及注意之點。

(八)索賠之管理

一般而言，主承包商在執行專案時，同時必須要面對許多分包商要求調整工程價款或工期之索賠要求，因此控管分包商索賠之風險是一項十分重要的工作。

分包商之索賠，如果和主契約有關，則必然會與主承包商是否可依相同理由向業主提出相同之索賠有關，因此主承包商在接獲分包商之索賠要求時，一定要詳細研究主契約和分包契約之規定及其差異，先確定主承包商的立場，究竟要站在業主的立場反駁拒絕分包商之要求，抑或要站在分包商的立場和分包商聯手共同向業主求償。

而因主契約中往往會規定主承包商對業主提出求償通知之期限，因此在分包契約中，亦應明確規定分包商對主承包商提出求償通知之期限，而就同一事件分包商向主承包商提出求償之期限應比主承包商向業主提出求償之期限爲短，以便主承包商能在收到分包商之求償通知後，能有合理之期間審核及補充。

當然，在分包契約中或在訂約後所建立之工作程序書

（Work procedure）中，自可依主契約之要求詳細規範索賠之流程及應提交之文件及證據，以便主承包商可以迅速提交業主。[10]

當然，在許多分包契約中，主承包商亦會採用「業主付款後支付」（Pay after Paid）的原則，明確規定就同一事件，主承包商在獲得業主之索賠款後才有義務付款給承包商。如果對業主求償不成功，則分包亦無權利向主承包商主張。如主承包商與分包商站在同一陣線，有時亦可約定如何分擔相關之索賠所產生之費用，如訴訟費、律師費等，也是業界經常採用的方法。

參、結語

本文以上所述係針對施工分包商管理所生之課題，至於針對承攬設計工作之承包商或統包工程之統包商而言，其分包商尚包括「設計分包商」在內，雖前述所述各節可資參考外，但因設計分包所牽涉之管理問題又有許多與施工分包之問題不同，應值得研究探討及注意。而分包管理除本文所述之各點外，尚包括安衛環管理、風險管理、分包商人員管理及平日契約管理等工作[11]，亦值得注意。

---

10 中國對外承包工程商會，《國際工程總承包項目管理導則》，中國建築工業出版社，2013年6月，頁92。

11 有關專案工程日常契約管理之工作，因筆者另有專文論述，故於本文中不再贅述。

第七章 | 停工管理

壹、前言

在工程契約中，大多會有「停工」或「暫停執行」之條款，以公共工程委員會之「工程採購契約範本」為例，其中即有「……廠商未依契約規定履約者，機關得隨時通知廠商部分或全部暫停執行，至情況改正後方准恢復履約。廠商不得就暫停執行請求延長履約期限或增加價金。……因非可歸責於廠商之情形，機關通知廠商部分或全部暫停執行，得補償廠商因此而增加之必要費用，並應視情形酌予延長履約期限。但暫停執行期間累計逾六個月（機關得於招標時載明其他期間）者，廠商得通知機關終止或解除部分或全部契約，……」之規定。而公共工程委員會另所公布之「公共工程專案管理契約範本」及「公共工程技術服務契約範本」中亦有類似的條款。但因僅有簡單的規定，卻對因「停工」或「暫停執行」所衍生的種種問題，如停工期間雙方之權利義務如何、對工作物之保管措施、停工所產生之費用如何計算、如何復工等問題，並無任何規範。這些問題實際上與業主及承包商之權益息息相關，實有加以研討之必要。

貳、「停工」或「暫停執行」問題之討論

一、確認「停工」或「暫停執行」的原因

一般而言，會造成停工的原因有三：

(一)因業主的原因所致，例如業主未盡協力義務、用地取得困難、變更設計、財務發生困難等。

(二)因可歸責於廠商的原因所致，例如廠商未依約施工，發生品質及安全之顧慮；或廠商不聽從指揮，遭業主或主管機關勒令停工；或廠商因財務或管理問題，無法施工等。

(三)發生不可歸責於雙方當事人的原因所致，例如發生不可抗力；或政府之命令等。

首先，在發生「停工」或「暫停執行」之狀況時，當事人一定要先確認「停工」或「暫停執行」發生之原因及確認該「停工」或「暫停執行」之法律效果為何。在可歸責於業主的情形下，有時業主並不會主動下達「停工」或「暫停執行」之指示，此時廠商就必須依據工程的進行狀況，仔細收集證據，主動向業主發出正式的通知，以維權益。而在可歸責於廠商的情形下，業主也一定要掌握廠商違約的事證後再審慎發出相關之指示或催告，以避免爭議。而在不可歸責於雙方當事人的情形下，例如發生不可抗力的情事時，廠商

有無依契約之規定在約定的「期限」內向業主發出無法施工而必須「停工」或「暫停執行」的通知，明確告知該不可抗力事件所造成的後果和影響，均會影響日後對雙方權益的認定，不可不慎。

二、確認「停工」或「暫停執行」的範圍

　　工程發生有「停工」或「暫停執行」之狀況發生時，業主和廠商最好能先不急著爭議而應共同先確認「停工」或「暫停執行」的範圍為何？所謂「停工」或「暫停執行」究竟係指工程範圍之全部「停工」或「暫停執行」？抑或工程範圍之部分「停工」或「暫停執行」？例如是否只是現場施工作業暫停，而工程之其他作業，例如行政內業工作等仍照常依約進行辦理？以統包（EPC）工程而言，因其工作範圍分為「設計」（Engineering）、「採購」（Procurement）及「施工」（Construction）三大部分，究竟哪一部分受到影響而必須「停工」或「暫停執行」，將會影響後續工作的安排、「停工」或「暫停執行」期間雙方所應採取的措施、「停工」或「暫停執行」費用及工期展延的計算等攸關雙方權益事項之認定，故在發生「停工」或「暫停執行」之狀況時，業主和廠商首先最好能心平氣和地相互確認工程「停工」或「暫停執行」之範圍，以便雙方對工程後續的安排及措施能有共識而不致產生爭議。

三、「停工」或「暫停執行」的合理期限爲何

　　究竟「停工」或「暫停執行」的合理期限爲何？此段期限過後是否當事人即可選擇終止契約？當然首先需視契約有無明文約定，以上述工程會「工程採購契約範本」之規定，目前公共工程大都會約定六個月，惟如未規定期限時，則雙方因考慮工程規模之大小、終止契約之影響、重新發包之難易度，以及對於損害有無停損點及雙方對「停工」或「暫停執行」之財務負擔限度等種種因素來考量。如果「停工」或「暫停執行」係因不可抗力所導致，則必須要審視契約中對不可抗力達到某個期限後雙方即可終止契約乙節，有無相關的約定。

　　如契約中確無此期限之規定時，對非造成「停工」或「暫停執行」之契約當事人似可引用民法第254條：「契約當事人之一方遲延給付者，他方當事人得定相當期限催告其履行，如於期限內不履行時，得解除期契約。」或民法第507條：「工作需定作人之行爲始能完成者，而定作人不爲其行爲時，承攬人得定相當期限，催告定作人爲之。定作人不於前項期限內爲其行爲者，承攬人得解除契約，並得請求賠償因契約解除而生之損害。」之規定，經合法定其催告後，解除／終止契約。

四、「停工」或「暫停執行」期間雙方應採取之作為及行動

工程「停工」或「暫停執行」期間並不是讓業主及廠商在營休假，事實上是有許多工作要予以規劃與執行。茲就業主及廠商兩方面簡述如下。

(一)業主方面

1.首先要合理及務實

首先業主在心態上要有合理之立場及務實之做法，要合理的確認「停工」或「暫停執行」之發生原因及其法律效果，並採取務實之做法，切莫採取本位主義將風險均推給廠商，導致日後之爭議。

2.掌握工程進行及工地之狀況並收集必要之證據

(1)清查並確認已完成之工作及未完成之工作

無論「停工」或「暫停執行」之原因為何，也不論日後是否會復工或終止契約，對雙方之權益而言，工程完成及未完成部分之數量價格均應加以詳細點驗及結算，因此對於工程本身均必須在「停工」或「暫停執行」時做一個詳細之點驗及結算以確認已完成之工作及未完成工作的數量及價格。

(2)明確指示是否繼續未受「停工」或「暫停執行」影響之部分工作

清查確認現場工作外，業主尚須很明確地指示廠商是否仍應繼續完成之設計工作或繼續進行設備材料的採購工作等，並應請廠商將其採購契約及分包契約之詳細情形提出統計及報告，以供業主查核。

(3)要求廠商提出「停工」或「暫停執行」期間之工作計畫

在「停工」或「暫停執行」期間應如何保管維護及管制現場工程，廠商在停工期間有關人力之配置及動復員計畫及因而可能產生的費用均應要求廠商詳實提出作為日後處理結算之依據。

(4)確實瞭解工地之狀況

對工地所有之狀況要有詳細之記錄及掌握，例如工地所堆置之材料、設備、工具等究竟是何人之財產均應有詳細之記錄，作為將來終止契約或爭議時結算工程款或返還財產所有權甚或處理法院扣押命令之參考及佐證。當然如業主在工程一開始就能做好分包商之報備及管理工作，此部分自然不是問題。

(5)為日後終止契約做準備

如「停工」或「暫停執行」之原因無法在合理期限內解

決消除，例如廠商違約情節嚴重無法改正，則業主必須要早日未雨綢繆爲日後終止契約做準備。如本工程有銀行融資之狀況，則必須早日和銀行融資機構洽談取得銀行機構之瞭解及支持，不致抽取銀根讓整個工程無法繼續；另外爲重新發包做好準備工作，縮短工作期限讓工程能在終止契約後在最短的期限內由後續廠商進場繼續施工等，均爲必要之工作。

(6)「停工」或「暫停執行」期間內之其他責任及義務

在「停工」或「暫停執行」期間，針對停工期間不受停工影響部分及應可歸責於業主所產生之費用，業主和廠商應務實誠信地商議在「停工」或「暫停執行」期間內相關之付款條件及時程，以避免雙方之損失擴大及爭議，當然契約中其他之約款及義務不受「停工」或「暫停執行」影響者，雙方自仍應遵守履行之，自不待言。

(二)廠商方面

1.務實地提出停工的計畫，做好工地之保管、維護及管制（Care, Control & Custody "CCC"）工作

在發生「停工」或「暫停執行」之情事時，因在工作完成並交由業主受領前，對工作物之保管、維護及管制之責任仍應由廠商承擔，故首先廠商必須仍做好工地之保管、維護及管制的工作。不論業主有無要求，筆者建議廠商均應立即

提出一份停工計畫給業主，此項停工計畫須基於減少損失擴大之精神（Duty of Mitigation），並應包括下列重點：

(1)「停工」或「暫停執行」期間，工地之人員安排，針對暫時不需要之人力如何做好復原（Demobilization）之安排以及可能產生之費用。

(2)工地之機具、設備及器材之安排及復原計畫，以及可能產生之費用。

(3)為維護保管或管制工地所需增加的措施及相關費用。

(4)如何妥善處理分包商之契約，包括人力、機具、設備、器材之安排及復原計畫以及相關可能產生之費用。

(5)如何妥善處理設備器材之採購訂單，包括是否取消採購訂單，延後交貨期限或增加倉儲之期間及做法，以及相關可能產生之費用。

(6)如一旦復工，針對前述人力、機具、設備及器材之復工計畫及所需之時間及費用。

(7)未受「停工」或「暫停執行」影響之工作部分，除繼續履行外是否有必須加以調整之工作或措施及作做法。

2.會同業主做好掌握工程進行及工地狀況之確認工作，並收集必要之證據

　　和業主立場一致，廠商亦要清點並確認已完成工作及未完成之工作，並詳細清點確認已完成工作之部分是否合乎契約規範之要求。針對在工地內之所有機具、設備、工具及器材等做好數量清點及確認該等設備、工具、器材所有權之歸屬，並詳細列冊提出相關證明文件供業主備查或查核。

3.針對停工所造成對工期的影響，定期務實地提出展延工期（Extension of Time）或調整工程進度表之工作

4.根據契約約定，針對非可歸於廠商本身導致「停工」或「暫停執行」之事由，適時提出求償之要求，切勿違誤此項契約約定之時限（Time Limit），以免導致失權的效果

5.為日後終止契約做準備

　　如「停工」或「暫停執行」之原因無法解決及消除，例如業主財務發生困難無力復工，則廠商亦必須要早日未雨綢繆為日後終止契約做準備。

　　此時針對工程所有已發生之費用及可能發生之損失，更須及早收集證據妥善準備之。

五、工程復工

　　如果造成「停工」或「暫停執行」之因素消除了，如前

述停工係因可歸責於業主的原因或不可抗力所致，則業主和廠商即應商議相關復工之事宜，業主除了應給廠商一個合理復工之通知期限外，更應和廠商討論相關重新復工之計畫及支付因停工所產生之合理費用給廠商以避免爭議。

如果「停工」或「暫停執行」係可歸責於廠商之原因，則廠商應立即提出復工計畫，此復工計畫尚應包括適當之趕工計畫以便將「停工」或「暫停執行」所導致之工期延誤加以趕上。

六、契約終止

如果「停工」或「暫停執行」之因素無法在合理期限內消除，而契約未約定合理期限，則未違約之一方當事人，經過定合理期限之催告後，自可選擇以終止契約之方式來終結雙方之契約關係。

一般而言，工程契約中大都會有「意定終止」、「違約終止」及「因不可抗力之終止」等條款，當事人只須依據相關的條款及程序辦理即可。如契約未明定此類終止條款，當事人亦可依照法律規定辦理。在終止契約後，如何做好工程點交、結算、損失求償及重新發包之工作，應是當事人關切注意的重點。

參、結語

　　因坊間鮮少討論「停工」或「暫停執行」之論述，而一般司法案件可查詢的資料亦不多，故筆者僅以服務工程界之經驗及認知，提出一些粗淺之看法，希望拋磚引玉，能有更多之專家前輩提出卓見，供工程界參考。

第八章 ｜ 關係管理
（Relationship Management）

壹、何謂「關係管理」？

中國人在商場上注意人際關係，常常認為「有關係就沒關係」、「沒關係就有關係」，但在專案工程契約管理中，「關係管理」其實並不是單純地建立人際關係，送禮應酬；而是在契約準備及執行中就應該將妥善管理專案工程團隊之理念，放在契約條文及執行之行為中，才能造就一個合作之團隊，順利將專案工作執行完畢。換言之，關係管理之目標有：

一、發展專案工程當事人間（包括業主、承包商、次承包商、供應商、專案工程團隊人員）之相互信任及瞭解。簡言之，對業主而言，如何讓承包商願意為你賣命，將工程如質、如期在成本預算範圍內圓滿完成業主所需之工作，而對承包商而言，如何取得業主之信賴，順利完成工程，獲得應有之報酬，並在發生問題時，業主願積極協助處理。換言之，如果業主和承包商間能夠創造一種夥伴之關係（partnering），把一個專案工程之成敗視為業主和

承包商之共同成敗，相信必能激發相互之合作夥伴關係。目前許多國際大型專案工程已將以往之BOT（Build, Operate and Transfer）模式，轉變成PPP（Private, Public and Partnership）之模式，也就是希望藉由建立參與者之間緊密的夥伴關係，將工程視為參與者共同之目標，促使參與者達到相互積極合作，共同分擔風險，共同分享利益之雙贏目標。

　　如果夥伴關係之理念能夠深植在每一個專案工程中，相信業主必然會草擬一份公平合理之契約規範雙方合理之權利義務。而在執行過程中，業主及承包商亦能秉持之夥伴關係共同克服所有之困難而減少問題爭議之發生，使專案工程能夠如質如期完成，而業主及承包商均能獲得其應有之利益及需求。

　　二、創造開放有建設性之工作環境，建立當事人間團隊合作之工作氛圍。

　　三、專案工程當事人及團隊能夠共同參與管理契約之工作，相互合作，共同提出計畫方案及共同分擔解決風險及問題。

貳、關係管理之成功因素

　　一、必須要遵守本書第二章所揭示之倫理規範，以公平

合理、誠實守法之態度來執行契約，如果有任一當事人心存歹念而不守法，或以不誠實、偏頗之立場來處理契約上之權利義務，相信必然容易造成對立及糾紛。不論業主及承包商均應確實要求專案團隊人員要有良好務實之工作態度。在本書第三章中，筆者針對業主如何選擇承包商做了原則性的介紹，不論是資格審查或廠商評鑑，其目的均是希望業主能找到一個良好之廠商來執行專案工程契約，而對承包商而言，做好對業主之盡職調查，充分瞭解業主之特性，做法及財務能力，在在都是希望承包商亦能與一個誠信的業主訂定契約；如果遇人不淑，再好的契約或再好之管理，可能均會成鏡花水月，白忙一場，更遑論做好任何關係管理了。

　　二、當事人之高層管理人員必須要有認知並支持關係管理工作之推行。給予專案團隊必要之支援與資源，讓業主或承包商之專案團隊能夠有足夠之時間及資源去發展專案團隊間之合作關係。如果當事人高層不體諒專案工程團隊在工程上所發生之困難，如業主高層針對不可歸責於承包商之原因所導致之成本增加或工期展延，仍然堅持強硬之態度，不給予任何適當調整之空間，必然會使業主之專業工程團隊和承包商之專案工程團隊產生對立與爭議；而從另一方面而言，如承包商之高層不給予其專案工程團隊充分之資源去執行契約或根本就要求其專案工程團隊以不誠信之態度去執行契約，則雙方良好之關係勢必難以建立。

　　三、專案工程團隊必須充分瞭解什麼是促進建立良好關係所應採取之行動及態度；舉例而言，對承包商而言，承包商應充分瞭解業主對工程之需求，不偷工減料、如期如質將應做之工作完成，而對業主而言，業主應擺脫甲方老大心態而以公平平等之態度，提供適時必要之協助，讓承包商能不受干擾地順利進行工程。

　　四、在準備契約及執行之階段，業主和承包商應共同確保契約之規定及相關之風險及工作安排是合理的，此合理的安排，包括價格合理、工期合理、風險分配合理、工作流程合理等。從筆者之經驗而言，許多業主在起草工程契約時，為保護本身之權益，往往把許多應由其本身擔負之工作或風險均轉嫁給承包商負擔；舉例而言，許多公共工程中，業主本身即為政府機關，理當有公權力和其他政府機關協調，但卻將要與其他政府機關之協調工作，如證照取得、管線遷移等工作要求身為老百姓之承包商去協調辦理；往往造成事倍功半之效果，不但增加人力及物力，更造成時間之拖延及耽誤。

　　而又有許多契約中，針對業主要求承包商辦理之事項，例如提出變更之建議、對提出索賠之請求等，往往有超嚴格之時限要求，如果承包商未能依限提出時，則契約即規定承包商已構成棄權之效果；因而導致承包商為求保障本身權益，在執行契約過程必須勤於提出各種索賠之要求，雙方

文來文往，針鋒相對，如何能建立良好之互動關係，實令人憂心。

　　一般而言，契約大都係由業主所草擬，以上之看法，筆者建議業主機構應深思之。

　　五、業主及承包商之專案工程團隊人員均清楚明白瞭解本身之職責，而對各階層人員均有明確之權限劃分，並充分告知對方；如有任何事件發生，雙方專案工程團隊都能立即找到負責人員並相互合作解決。

　　六、業主及承包商之專案工程團隊之各階層人員，對彼此之窗口單位，都應清楚彼此工作職責，並均能維持良好之互動及關係。此部分工作，建議業主及承包商在簽訂時，開工前，雙方之專案工程團隊之各階層人員即應面對面相互認識，並均提出每個人員之工作職掌及權限表，讓對方瞭解。而在執行工程期間，各階層人員更應隨時保持聯係，相互瞭解彼此之工作資訊，形成緊密合作之團隊合作關係。

　　七、明確訂定解決風險及問題之程序，確保任何風險及問題均能依一定程序及方式，及早被處理及解決。然對不同之事項亦可能要有彈性地採取不同的方式處理，避免拘泥於一定之程序，而失去彈性處理之空間。筆者建議，千萬不能將爭議處理之程序做為解決風險及問題之唯一途徑。

　　八、儘量讓專案工程之所有之資訊透明公開，讓所有工程團隊人員均能清楚知道專案工程之狀況，使大家均能採取

正確一致之方式執行契約及工程。

參、關係管理應避免之情況

一、業主以甲方老大之心態及不禮貌之態度，指揮承包商之專案團隊人員，造成承包商團隊人員有被藐視及不尊重的感覺；

二、發生問題，不平心靜氣的討論解決，而是經常採用索賠／求償之方式來解決契約問題。

三、平日加強溝通協調，國際工程更要注意文化語言差異所造成之溝通障礙。

四、要避免凡事均以金錢為唯一考量的因素，業主不斷地要求承包商降價，而承包商不斷地要求加價會造成雙方失去互信。

五、業主要有成功之契約策略，避免因受限於單一承包商所造成之成本增加，而影響業主之財務，承包商則亦必須有良好之承接工程策略，避免搶標，惡性價格競爭所造成之財務壓力及問題，而此部分工作應該在招投標階段就應注意處理。

肆、促進關係管理之做法

一、建立長期之夥伴關係或策略聯盟／衛星廠商並選擇

適當之契約策略及模式。不論係業主對其承包商或供應商，或承包商對其分包商或供應商，如能建立長期的夥伴關係，相信必能增進相互之瞭解及信任，建立良好之合作關係。

二、把合作管理契約之精神及機制設計在契約中，取代僵化之規定及約束。

三、公平合理之招標程序及契約條款，不設計太多以求償方式處理問題及不依期限提出要求就視為棄權之條款。

四、建立良好之溝通協調之方式及系統，包括各種契約文件事項之審查、核可流程等。

五、建立瞭解雙方當事人專案團隊之組織及人力配置，明確訂立專案團隊人員職責（Roles and Responsibilities）及權限（Authority）。

六、建立循序漸進、解決問題之程序，並建立預警機制（Early Warning）。[1]

1　英國Olympic Delivery Authority for the 2010 London Games為Olympic之工程設計了New Engineering Contract，該New Engineering Contract其中有：

1. No a set of rules more a management tool in the spirit of mutual trust and co-operation；

2. Parties must notify each other promptly of problems and cooperate to find solutions之原因，並在Clause 16中設計了「Early Warning Procedure」其內容為：

Contractor to give Project Manager a warning of relevant matters that increase the total cost of delay completion or impair performance of finished work;

Contractor and Project Manager to attend an early warning meeting if one or the other party requests it;

七、專案工程資訊之公開。

伍、如何與業主相處有助於「關係管理」工作之進行

一、瞭解業主之需求：

業主對一個專案工程之基本需求有：

1. 工程如期如質在預算內完成。

2. 建造期、保固期及營運期中不會發生任何嚴重之問題。

二、為完成上述需求，則EPC統包商必須：

1. 設計正確無誤，且按進度完成。

2. 有效的契約管理。

3. 採購品質良好之設備及材料。

4. 控制專案工程之品質及時程。

5. 準時完工，沒有瑕疵。

6. 試車時不發生任何問題，試車迅速順利。

三、對契約權利義務之執行，統包商應注意下列事項：

1. 充分瞭解雙方契約之權利義務，一般而言，統包商之

Early warning meeting to discuss and cooperate on how the problem can be avoided or risks reduced.

義務較重，業主之權利較多，但統包商須深切瞭解契約條款，不忽視自身應有之權利，並做好保障權利之措施。

2. 注意行使權利所應遵守之時效及契約時程期限。

3. 充分瞭解業主意思表示之性質，何者係為通知，何者構成指示要清楚；如係指示，則依約承包商必須遵守，而可能該指示會有「工程變更」之效果，故統包商不可不明辨。

4. 工程變更必須要依契約程序，並以書面為之。

5. 各種報告要誠實記載，不要隱藏問題。

6. 不要為了省錢而向工程品質妥協，購買廉價之設備器材，最後不一定省錢。

7. 依照業主指定之供應商名單採購。

8. 專案工程團隊人員必須以專業誠信之態度執行契約，並隨時遵守契約，依契約之約定做決定，而千萬不要依情緒做決定去解決契約或工程之問題。

9. 不要為了取悅業主而放棄自己應有之權利，統包商如果表現好，業主就不會多管，反之業主會事事緊盯。

10. 保持良好之互動關係，能做到的再做承諾，不要敷衍，不要說一套，做一套，說謊會毀掉信任。

11. 隨時做好品質管理，自己要主動發現問題，不要等業主發現問題後指責你。

12.專案團隊要有Team Work，並共同承擔責任，切莫
　　自己相互指責影響團結及士氣。

13.如果對契約問題不知如何處理或不懂，就要不恥下
　　問，找人幫忙。

陸、小結

從上述可知，關係管理之觀念必須從專案工程之開始階
段即應植入當事人之腦海中，並在選商、起草契約、招標程
序、訂約及執行等階段加以貫徹，才能有效建立之團隊合作
關係，而關係管理一旦做好，相信業主及承包商在工作執行
上必能相處和諧，發揮團隊合作精神，將專案工程圓滿執行
完成。

第九章 | 結語

壹、依據CIPS之意見，一個成功之契約管理工作，應該達到下列之目標

一、有關工程執行之安排及成果是讓業主及承包商均能滿意接受。

二、雙方期待之商業利益均被實現。

三、雙方當事人間能夠相互合作，互動良好。

四、有關工程變更之相關問題均能順利解決。

五、工程及契約之執行是正確有效率地。

六、沒有產生任何不可預期之問題。

七、沒有發生任何之爭議。[1]

貳、筆者認為要達到以上成功的目標，一個成功的專案工程必須要具備下述特性

一、清楚無爭議之工作範圍。

二、及早良好之規劃及設計工作。

三、專案工程團隊本於誠信，且有成功之領導及管

1　P3, Contract Management Guide, R D Elsey October 2007, The Chartered Instituted of Purchasing & Supply.

理，並對工程發生之問題均能在第一時間處理妥善。

四、業主或承包商之間有良好之工作氛圍；互動良好，相互信任，雙方均能發掘問題，共同執行工作、共同解決問題等。

參、而如果一個專案工程，有下述特性，相信必然是一個失敗之工程

一、其工作範圍沒有被清楚地規定。

二、劣質之管理及管控。

三、劣質之規劃及設計。

四、業主與承包商，或設計與施工人員，沒有良好之溝通。

五、不切實際之成本及時程。

六、工程變更頻繁等。

肆、總結

根據本書論述，筆者認為，不論業主或承包商，要做好專案工程契約管理，首先必須要組織一個良好之專案團隊，此團隊必須充分得到上級之授權及支持，而團隊每個成員更要明確瞭解自己之角色及職責，專案工程團隊之領導者更必須發揮領導之能力及作用，而其中關鍵人物，契約管理師或

契約管理經理，更必須具備充分之契約管理知識及語文能力，其個性必須是細心耐煩，並具有良好之協調溝通能力，由於目前國內大學中尚未有訓練此類人才之科系，故業界實應花費一定之心力及資源去訓練培養這一類之人才，以面臨更大型更複雜之工程專案管理所需。

　　而業主或承包商，更應確實明白並踐行本書第二章所揭櫫之倫理規範及基本原則，唯有秉持相關之倫理規範及基本原則，契約管理工作才能在正確之途徑上執行而能有好的開始；而良好的「關係管理」亦是建立在當事人均能遵守上述倫理規範及基本原則之上。在「工程專案之提出及簽約前之工作」此一階段，不論業主或承包商，均應做好一切標前之準備工作，從專案之選擇及準備、專案工程團隊之組織、以至於發展契約策略、風險評估、準備規範、圖紙、契約，均應要有正確之觀念及做法，而在辦理招、投標程序時，更應秉持公平公開公正之程序，以期選擇到優良之合作夥伴，而對於標前工作之細節，筆者更建議業主或承包商，均應儘早在組織內發展出適合本身組織特性之工作程序及規則，以供專案工程團隊人員依循，而不致於產生因人設事，毫無章法之後果。

　　而在「簽約後及履約階段之工作」此一階段，因在執行專案工程之階段工作甚多，包括，但不限於：文件、報表之統一及管理、管理協調之方式、各類工作及服務之交付、工

程之變更、付款之程序、風險困難及問題之解決等，如業主
及承包商能在訂約時即及早共同發展確認一套適用於專案工
程管理作業程序或模式，而要求所有參與專案工程之相關人
員均能遵守並執行，相信在採用共同標準方式下，共同執行
專案工程，業主、承包商及相關利害關係人必能協調一致，
共同有效順利將工作完成，達到雙贏的目的。

　　如同本書一開始所說，專案工程管理就是契約管理，所
以契約管理工作範疇也絕對不應拘限於本書內容，希望本書
只是一個開始，拋磚引玉，期望工程界之專家學者們能夠對
專案工程契約管理提供真知灼見，供我工程界參考。

附　錄

附錄一　國際EPC工程之契約架構探討

一、前言

　　現行國際上大型整廠工程，為節省成本、縮短工期並簡化減少工作之介面，業主大多傾向採用統包之方式，將工程主要之三大部分，即「設計」（Engineering）、「採購」（Procurement）、「建造」（Construction），以簽訂EPC統包契約方式交由一家統包商或團隊承建。因此類工程金額十分龐大，內容有時亦十分複雜，且常有跨國之因素，故自投招標階段至簽約開工即有許多值得注意及瞭解的地方，筆者願就工作上所經歷的一些實務問題提出討論，供大家參考。

二、國際EPC工程之招、投標

1.規劃階段（Planning Stage）

　　一般而言，業主在規劃階段自然要先對該工程專案做好確實之可行性研究分析（Feasibility study），不論在技術面或財務面均須可行該工程專案方能進行，自不待言。

2.招／邀標階段（Tender Stage; open / invitation tender）

　　除非業主自己具備相關之技術專業能力，否則業主一般均會聘請一家工程顧問為其準備相關之招標文件（Bidding

Document）並為其提供相關之工程管理諮詢服務。惟在許多大型建廠工程專案中，因生產技術往往須具備相關之特殊生產製程或專門技術，故在此需求下業主則會先選擇一家具有特殊生產製程或專門技術之專利廠商（Licensor），並由該專利廠商將建造該建廠工程專案所需之一切必要之條件及規範臚列出來供業主、顧問及有意參加投標之EPC廠商參考。而有意願參投或被業主指名邀請之廠商則會先將本身所具備之技術能力、工程實績及財務條件等基本資料（即所謂之Pre-Qualification，"PQ" Document）送給業主及顧問審核，此類PQ文件經業主及顧問審核後，業主則會對通過資格審查之廠商發出正式的邀標書（Invitation to Bidder），請該等通過資格審查之廠商正式依邀標書之規定提出投標文件。邀標書（Invitation to Bidder）通常會載明工程專案之基本資料（Project basic information and concept）、規範之標準及需求（Specification: Standards and requirements）、工程時限（schedule）、契約條款及條件（terms and conditions）及商業（commercial）條款（付款條件）等。值得注意地是，因為前述具有特殊生產製程或專門技術之專利廠商必須先釋出相關生產製程或專門技術之初步文件給投標廠商，投標廠商方能據以製作投標書，故業主在製發邀標書前，會要求投標廠商先簽署一份嚴格之保密協議書（Non-disclosure agreement or confidential agreement），

此保密協議書之內容包括：「保密文件之界定及例外」、「保密文件之使用方式、範圍」、「投標廠商受僱人員、次承包商人員之保密義務」、「保密文件之返還時機及方式」、「違約之責任」、「保密期限」及「爭議解決」等；保密協議書如有違反對投標廠商之責任及信譽影響甚大，不可等閒視之，應予注意。

3.投標階段（Bidding Stage）

　　投標廠商於接獲邀標書後即應積極準備投標之建議書（proposal），其中主要材料成本之估算及主要次承包商、設備供應商之標前選商作業是為重點。而標前選商作業時究竟是否應與次承包商或設備供應商簽訂屬「本約」或「預約」性質之標前協議，值得投標廠商根據當時之市場狀況審慎考慮之。

　　投標廠商之建議書（proposal）之內容，一般而言，包括技術、商業及工期時程等部分，其中技術部分包括工程執行之計畫、所欲使用之人力、設備及建造施工之次序等；而商業部分則應提出價格及可承擔之責任內容；而工期時程自應明確告知業主是否可按邀標書所規定之工期條件達成。

　　在EPC工程之投標之投標過程中，有一項工作及步驟對業主及統包商均是十分重要地，亦即是「澄清」（clarification）之工作，因為每一位統包商均有其箇別之特殊能力及經驗，

未必會完全符合業主所提出之需求或規範條件、或達到業主所需要之功能、或雖能達成但方式（法）須要調整改變，亦很可能是業主所提出之要求及規範統包商認為在實際建造施工時會產生若干之問題，因此統包商在正式提出建議書及報價之前即有必要將此類不清楚或將來易產生爭議的地方，提出問題並要求業主「澄清」並修正其規範要求。此項「澄清」（clarification）工作之主要目地係要確定將來所有之投標廠商均能在一個相同並公平之工作範圍（Scope of work）及條件下公平競爭，對統包商而言，如果有問題未能在投標階段適時「澄清」，事後將被認為已對工作範圍、規範需求及相關條款完全瞭解及接受，不得再以任何理由抗辯或提出要求。一般而言，「澄清」（clarification）之工作可以Email、書信及會議討論之方式進行。

在對工作範圍、規範需求及相關條款做完「澄清」（clarification）工作之後，投標廠商即應對「澄清」之結果提出對「成本之影響」（cost impact），並儘速將此成本之影響告知業主；業主於確認所有投標廠商對工作範圍、規範需求及相關條款均無問題，且均係在同一標準基礎上時，則會對統包商所提出之商業條款（commercial proposal）做審查，並選擇一家對業主最有利之投標廠商進行契約談判，惟契約談判之過程可能費時，有時業主因時程緊迫或銀行貸款融資之需求，而要求與統包商先行簽訂Letter of intent（意願書）或Term sheet（主要商業條款），以便進行工程，但宜註明此等文件無Binding之效力或加註「有效期間」等條款，較為妥當，並免造成議約時之困擾。

三、國際EPC工程契約之簽訂方式

由於EPC工程契約主要包括了「設計」、「採購」及「建造」三大部分，而此三大部分之工作，在具有國際之因素下，亦未必全然會在工地所在地之國家內履行，而更因國際EPC工程之金額均十分龐大，因此如何節省工程所在地國家的稅金，進而節省工程之成本，亦為十分重要之考量。

一個國際廠商如果到另一個國家做工程，則其在該國之工程收入自應依該國法律課稅，而如果業主只是以國際貿易買賣之方式向一個外國廠商購買設備、材料，則該外國廠商因未在該國內進行商業行為，自不必繳納該國當地之稅捐，根據此一邏輯或慣例，為了稅務考量，節省成本亦對業主有利，因可減少業主之支出，故在實務上，業主和投標廠商會安排由一家施工廠商，一家供應廠商與業主分別簽訂On-Shore Contract（境內合約）及Off-Shore Contract（境外合約）兩個合約之方式來達到統包之目的，易言之，施工廠商（Contractor）在境內與業主簽訂「設計＋施工」之境內合約，而供應廠商（Supplier）則在境外與業主簽訂「設計＋採購（設備、材料）」之境外合約，則境外合約之金額則

可免除工程所在地國家之稅捐。惟應注意者，在某些國家，在境外之設計服務工作之報酬屬於「權利金」之性質，亦必須繳納該國之稅金（withholding tax），故實務上做法，往往會將設計之費用放入採購之項目中，以達到節稅之目的；而由於前述節稅之目的，必須有兩家廠商（一家施工廠商，一家供應廠商）分別與業主簽約，而業主為使該兩家廠商能共同及連帶地為該EPC工程負責，則在實務上往往會由業主與該施工廠商及供應商另行訂一份Coordination Agreement或Bridging Agreement，以便將施工廠商及供應商之履約責任綁在一起。而在實務上，該施工廠商及供應廠商亦會成立Joint Venture 或Consortium 之方式來執行整個EPC工程，惟需注意者，在某些國家（例如泰國）成立Joint Venture（共同施工）此一性質之聯合承攬體，往往該聯合承攬體在稅務上會被視之為一個非法人組織之單一團體（Unincorporate single entity），則不論境內或境外之收入報酬均將全部依該國稅法課稅，值得注意。至於在統包商本身之角度，究應與合作廠商成立性質屬Joint Venture（共同施工）或Consortium（分開施工）之聯合承攬體，自應由統包廠商自行審慎斟酌之。

四、融資契約（loan agreement）及銀行之Direct agreement

在大型之EPC專案工程中業主向銀行貸款融資並要求統包商配合辦理提供擔保並簽署融資銀行所要求之文件，如Direct agreement（主要規範如業主違約時銀行可介入工程，要求統包商將工程完成以確保貸款之回收）係為通常之做法。在此情況下，統包商須先確認業主之信譽（例如其是否為BOT案之Concession Company），並對其以往之資歷深入瞭解。如業主係為此Project所特別成立之新公司，則對其Major Sponsor（主要之股東）做查證及瞭解，而融資銀行之信譽亦須考量。

一般而言，業主以BOT之Concession合約及EPC合約向銀行團為Project融資，業主要求EPC統包商配合簽署文件，並與銀行團簽署「Direct Agreement」以及業主將統包商之Performance Bond之權益assign給銀行團做為融資之擔保，係目前一般市場上慣用方式。

如遇此種狀況，則統包商事先要注意之處及要堅持之底線有：

1. 對業主及融資之銀行團做好Due Diligence之工作。包括，但不限於：以往之信譽、股東之結構、出資情形、銀行信譽、融資之條件等。

2. 查證業主是否尚有其他足夠之融資擔保品及其種類方式。

3. 任何在EPC合約正式生效後，配合業主所簽署之融資文件，不得實質影響，減少或變更統包商在EPC契約之中原有之權利，亦即應在該等文件中，加註「without prejudice」之條款。

4. 任何變更EPC契約重要條款之修正事項（包括統包商之角色、工作範圍等）均必須告知銀行團並事先取得銀行團之同意（銀行亦會如此要求業主）以確保銀行團能依工程進行如期撥付工程款給統包商。並避免銀行以業主或統包商未盡告知義務而違約為由逕行押提履約保證。

5. 因大型Project 以取得Project融資為進行之必要條件，故統包商在簽署EPC契約時，應要求加列EPC契約生效之條件（Condition precedent）。例如：

   (1) 約定業主至遲應於何時簽發NTP給統包商之期限（deadline），而在簽發NTP之前，必須證明融資已到位。

   (2) 業主支付Advance Payment後（或同時），統包商才出具Performance Bond。而Advance Payment及Performance Bond兩者之數額應相當或不會差得太多。

(3)如統包商未違約時，任何人（包括由業主處經由Assignment取得權利之銀行）不得任意押提統包商之Performance Bond。

6. 在EPC合約正式簽署前，統包商不宜在任何空白之合約文件上簽署或「Initial」，但如確為協助業主進行Project融資之便，以出具Letter of intent（意願書）及Term sheet（主要商業條款）之方式為之，但仍須註明此等文件無Binding之效力，以免造成議約時之困擾。

五、結論

　　以上僅為EPC工程契約一些基本之問題，事實上，EPC工程契約之問題眾多，牽涉設計、工程、採購、合約管理、財務及法律之各種專業、業主及統包商均需培養專業之團隊，方能克竟其功。

附錄二　承包商資格預審問卷

目錄

1.0 前言及工程概述

在此業主應對專案工程做一基本之描述及介紹，並告知業主之基本構想及需求。

2.0 統包商之責任

在此業主應明確告知統包商之主要工作及責任，當然更詳盡的工作範圍會規定在招標文件中。

3.0 參加資格預審之案件

在此，業主可以規定，要參與資格預審廠商之基本條件，例如：

1)至少須具備多少年內有做過類似工程之實績。

2)所有承包商必須回答問卷上所有之問題。

3)如果欲採聯合承攬之方式，各聯合承攬成員之資格或代表公司之資格以及如何認定評估聯合承攬各成員之實績。

4)所有提送之文件均需得到業主最後之認可。

5)針對承包商之資格，業主保留任何決定同意與否的權利。

4.0 廠商辦理資格預審之注意事項

一般而言，業主會規定下述重點事項：

1)廠商所有文件或資訊所應使用之語言，以國際工程標案而言，一般均為英文。

2)廠商提供預審文件之截止日期。

3)預審文件之保密規定。

4)業主得直接與承包商所提出之參考客戶（reference）聯絡。

5)承包商完成書面調查表填寫及提供所需文件資訊之義務，如不按實填寫會導致被判定不合格。

6)提供問卷及文件之份數及相關電子檔案之需求。

7)承包商有疑義時，業主之聯絡人員及聯絡方式。

8)如果承包商有代理商，代理商在資格預審階段所扮演之角色。

9)資格預審文件寄送或遞交之方式及地點。

5.0 廠商聲明書

【參考範例】

致：業主名稱

廠商名稱_____

本公司茲表達願意參與_____統包專案工程資格預審之意願，並保證本公司具有完成_____統包工程之能力。本公司並保證本公司對資格預審問題之回答及所提供之文件及資訊均爲眞實正確。本公司並瞭解業主針對本公司之資格擁有同意或不同意之絕對權利，本公司對業主所做本公司未能通過資格預審之決定，將予以尊重同意，不會提出任何疑義或爭議。

本公司授權業主針對本公司所提出之文件資訊進行任何形式之調查或查證。

本公司保證如本公司獲得本工程契約時，本公司會遵守一切之法令，並會要求本公司之承包商／供應商亦遵守一切法令並簽署必要之保密協議。

本公司瞭解本公司應負擔一切因辦理資格預審所支出之費用，業主並無支付任何費用之義務。

立聲明書人：_____

公司：_____

負責人／代理人：_____

地址：_____

年　　　　　月　　　　　日

6.0 事實調查表

1. 承包商必須如實回答以下所有之問題
2. 如果單一承包商投標,則由單一承包商回答,如採以聯合承攬體投標,則應由聯合承攬體回答。

問題範例

a. 請明白告知參與本工程投標之意願

b. 是否有意願在規定時間內提出投標書並與業主討論

c. 請列出過去_____年內與業主或其子公司之相關工程實績

d. 請告知過去_____年內在工程所在地國家之工程實績及其他國家之工程實績。並請列出上述工程之業主名稱、契約金額等。

e. 列出曾承攬統包(EPC)工程契約之實績:係擔任主承包商或次承包商

f. 提出各類銀行保證之能力及額度

g. 列出過去_____年內之勞工安全記錄,有無發生任何職業災害或勞安事故

h. 請列出工程地國家之代理人或贊助支持公司(sponsor)名稱

7.0 附件

附件一、承包商基本資料（Contractor Information）

1) 承包商採單一廠商或聯合承攬體

2) 承包商聯絡方式及人員

3) 公司成立時間

4) 業務範圍及型態

5) 關係企業/子公司

6) 全球工作據點/分公司

7) 代理商／贊助支持公司（Sponsor）

8) 應提供之公司資料

   a. 公司組織架構圖／聯合承攬體之組織架構圖

   b. 母公司資料

   c. 股權結構及近_____年內變動之情形

   d. 關係企業／子公司之資料

   e. 公司股票是否上市之資料

   f. 公司網站

附件二、工程實績（Experience）

2.0　工程實績Experience

2.1　承包商應詳細列出_____年內中其獨自承攬之工程實績資料。

CONTRACTOR is requested to list the ____ major projects executed by CONTRACTOR as a single entity contractor during the last ____ years

項次No.	工程名稱，地點及種類 Project Name, Location and Category	工程總金額 Total Value of the Project
1		
2		
3		
4		
5		

2.2 承包商應詳細列出＿＿＿＿年內與其他廠商聯合承
攬之工程實績資料

If CONTRACTOR intends to form a Joint Venture/
Consortium, CONTRACTOR is requested to
advise the largest ＿＿ Joint Venture/Consortium
experience in the last ＿＿ years with the value
of the CONTRACTOR Contracts.

工程名稱 Project Name	時間 Year	聯合承攬之成員名單 JV/Consortium Partner (s)	在聯合承攬中之角色 Role in the JV/ Consortium	占聯合承攬中之百分比 % of Liability Held in the JV/ Consortium	工程合約金額 Contract Value

2.3 客戶參考名單

Client References – CONTRACTOR shall submit
Contractor Reference Inquiry, for ＿＿ (number)of
CONTRACTOR's most recent, relevant projects.

附件三、人力資料（Establishment）

3.0　公司之人力配置資料Establishment

類別 Category	不定期員工及其經驗 Permanently Employed With CONTRACTOR Having Experience			定期契約員工 Contracted Manpower	總數 TOTAL
	20年 Years	10-20年 Years	＜10年 Years		
公司CORPORATE					
經理人員 Management					
行政人員 Administrative					
財務人員 Financial					
業務人員 Sales					
專案 PROJECT					
工程人員 Engineering					
製程人員 Process					
機械人員 Mechanical					
儀控人員 Instrument					
電機人員 Electrical					

土木人員 Civil					
規劃人員 Planning					
採購人員 Procurement					
建造 CONSTRUCTION					
建造經理 Constr. Manager					
品質控制人員 Quality Control					
品質保證人員 Quality Assurance					
安衛人員Safety					
行政人員 Administrative					
現場工程師 Field Engineering					
現場採購人員 Field Procurement					
監工人員 Constr. Supv.					
勞工 Skilled Labor					
其他Others					
總數Totals					

Note: Project and Construction personnel shall not be duplicated.
　　　專案及建造人員不應重複計算。

3.1　承包商全球工作據點／分公司之人員統計表

項次 No\	國家 Country	地點 Location (Province)	業務人員Sales	工程人員Eng.	採購人員 Procur.	建造人員 Constr.	其他 Others
1							
2							
3							
4							
5							
6							

承包商應提供目前執行中工程專案之人員統計表

項次 No.	工程名稱／地點／種類 Project Name, Location and Category	承包商之角色 CONTRACTOR's Role (E/P/C)	被指派至該專案之 人員數目 Number of Personnel Assigned
1			
2			
3			
4			
5			
6			
7			
8			
9			
10			

3.2 承包商使用非屬本國勞工之情形：

附件四、財務狀況（Financial）

4.0 財務狀況Financial

4.1 承包商應提供最近一年之財務報表，包括資產負債表、損益表等

4.2 承包商應依下表提供最近_____年之財務資料：

CONTRACTOR is requested to provide the following financial information for the past _____ years in the table below.

單位新臺幣

項次No	說明Description	年	年	年
1	資本額 Capital			
2	淨值 Net-Worth			
3	資產 Current Assets			
4	總資產 Total Assets			
5	債務 Current Liabilities			
6	年營收額 Turn Over			
7	稅前毛利 Gross Profits before taxes			
8	稅後毛利 Gross Profits after taxes			
9	淨利Net profits			

4.3 CONTRACTOR is requested to provide the name (s) and address (es) of its bank (s) and other information as requested below;

承包商其主要經手金融機構資料如下：

Bank Name 銀行名稱：　　　　　　　　聯絡人：

Bank Address銀行地址：

Telephone No. 電話：

Fax. No. 傳眞：

Manager's Name：

如有其他銀行請自行加列（Repeat as required in case of additional banks）

4.4 承包商目前進行中工程所提供之銀行保證額度
資料如下：

工程名稱 Project Name	投標保證金 Tender (Bid) Bond USD $	履約保證金 Performance Bond	契約金額 Contract Vaule

4.5 承包商最近_____年內查核會計師資料如下：

CONTRACTOR is requested to provide the name
and address of its external auditors used by it
during the past ____ years.

Auditors Name查核會計師姓名：

Address地址：　　　　　　　聯絡方式：

Telephone No. 電話：

Fax. No. 傳眞：

Contact Name合約名稱：

如有其他查核會計師請自行加列（Repeat as
required in case of additional auditors）

附件五、專案工程執行（Project Execution）

5.0　專案工程執行Project Execution

5.1　承包商應提供整體執行專案工程之計畫，包括整體執行計畫，專案管理及組織計畫，專案行政計畫，專案控制計畫，設計計畫，採購及材料管理計畫，品質保證及管理計畫，施工計畫，預試車、試車及開機計畫等。

CONTRACTOR is requested to submit a summary of its typical project execution plan which shall include amongst others, overall execution strategy, project management & organization plan, handling of critical execution issues, project administration plan, project control plans, engineering plan, procurement and material management plan, quality assurance & quality control plan, construction plan, pre-commissioning, commissioning and start-up plan.

5.2　請承包商列出由其自行執行本專案之工作項目：

What are the types of work that the CONTRACTOR shall carry out independently for the Project without subcontracting to others:

分類Category	工作Activity	承包商自辦 By CONTRACTOR	其他人員辦理 By Others
專案管理 Project Management	全部All		
設計Engineering	製程Process		
	機械Mechanical		
	土木Civil		
	儀表Instrument		
	電機Electrical		
	安全Safety		
	品保QA / QC		
採購 Procurement	全部All		
建造 Construction	工地準備 Site Preparation		
	土木／結構 Civil / Structure		
	機械Mechanical		
	機電Electrical		
	儀表Instrument		
	檢驗 Inspection		
	安全Safety		
	試車 Commissioning		

5.3 Where shall the CONTRACTOR typically carryout or cause to carryout the following project functions:

請說明承包商在何處執行下列工作：

分類Category	工作Activity	總公司 Main Office	地方辦公室 Regional Office	其他地點 Other Location
專案管理 Project Management	全部All			
設計Engineering	製程Process			
	機械 Mechanical			
	土木Civil			
	儀表 Instrument			
	電機 Electrical			
	安全Safety			
	製圖 Drafting			
採購Procurement	全部All			

5.4　承包商應提供分包之計畫及程序：

Contractor is required to provide a summary of its subcontracting practices and procedures indicating its methodology for selecting, awarding and administering subcontracts.

5.5　請列出近＿＿＿＿年內所使用分包商之名單

CONTRACTOR is requested to present the name and functions carried out by Subcontractors on projects managed by the CONTRACTOR over the past ＿＿＿ Years:

項次 No.	工作名稱、地點／種類 Project Name, Location and Category	分包商之工作 Sub-Contractor's Function	分包商之名稱 Sub-Contractor's Name (s)
1			
2			
3			
4			
5			
6			
7			
8			
9			
10			

附件六、品質管理（Quality Management）

6.0　品質管理Quality Management

6.1　請提供承包商之品質管理系統資料，並提供最近所執行工程之品質管理計畫書。並請提供經國際組織認證之資料。

附件七、安全、衛生及環保作業（Health Safety and Environment）

7.0　安全、衛生及環保作業Health Safety and Environment

7.1　請列出有關承包商安全計畫，包括員工訓練，法令宣導等細節

7.2　承包商在工地之急救措施

7.3　承包商以往執行安全衛生及環保作業之情形

附件八、訴法／仲裁／爭議案件（Litigation/Arbitration/Disputes）

8.0　訴訟／仲裁／爭議案件Litigation／Arbitration／Disputes

8.1　請列出承包商目前爭議金額超過_____元之案件情形：

CONTRACTOR is requested to inform whether its business, regardless of current company name, is presently or has ever been involved in any litigation or arbitration proceedings in relation to project work undertaken by CONTRACTOR for a claim or claims with a value exceeding _____.

如有請提供相關細節資料；如無，請註明「無」
If so, kindly provide details and if not, please affirm by "NONE".

8.2　請說明承包商是否曾因違約而被終止契約之情形。
CONTRACTOR is requested to inform if CONTRACTOR has ever had a contract terminated for default.
如有請提供相關細節資料；如無，請註明「無」
If so, kindly provide details and if not, please affirm by "NONE".

附件九、建造及採購策略（Construction Philosophy, Procurement Strategies）

9.0 建造及採購策略Construction Philosophy, Procurement Strategies

9.1 承包商之採購人員組織：

9.2 承包商之採購策略：

9.3 承包商之物料管理系統：

9.4 承包商之物料器材運輸策略：

9.5 承包商之施工管理：

9.6 承包商之監工人力：

9.7 施工具之來源及運用：

附件十、資訊支援系統（IT Support System）

10.0 IT Support System　資訊支援系統

10.1 請說明承包商之設計（planning）及時程（scheduling）系統。

CONTRACTOR is requested to list the planning and scheduling systems currently being used within its establishment.

10.2 請說明相關支援下述工作系統之資訊軟硬體設施：

CONTRACTOR is requested to list the hardware and peripheral equipment and software available to support its:

- 設計及時程系統Planning and scheduling systems.
- 物件管理系統Material management systems.
- 文件管理系統Document management systems.
- 資訊系統IT communication systems.

註：業主機構可依上述附件項目所需，設計準備各式各樣之表格請投標之承包商填寫以便收集各類數據及統計資料以便評估投標之承包商之資格及能力

附錄三　國際工程契約做法

　　筆者從事工程業務多年，近年來有幸參與許多國際工程之投開標及執行作業，對於國際上許多在執行工程契約上的一些做法，認為值得作為國內工程主辦機關及業界參考，謹分述如下：

一、注重資格預審之程序

1.充分瞭解投標廠商之能力、組織架構、人力、資源

　　在許多工程初期招標之階段，主辦機關均會不厭其詳之提出資格預審之問卷要求投標廠商詳細答覆並提供其公司之組織架構、人力配置、財務資訊及相關具有的技術能力及可動用是的資源等資訊來證明投標廠商之能力。主辦機關並會評估在同一時間內投標廠商可以承做工程之能量。投標廠商必須詳實答覆不得做虛偽之陳述，否則將負相應之違約及法律責任（有關資格預選賽問卷請詳見拙著《專案工程契約管理》一書之附錄）。

　　以國內許多工程皮包公司充斥之情形而言，如能在投標前確實做好對廠商之盡職調查及資格預審之工作相信必能防止不肖廠商承辦工程之機會。

2.選主承包商之同時選擇次承包商及主要供應商

　　許多業主機單位往往都忽略對主承包商之次承包商的管理工作，往往會有「分包就不管」的心態。實務上、工程契約中均有分包需先經甲方同意的規定，但此節是否被確實落實執行不無疑問。殊不知真正做工程的不是主承包商而是真正派工在現場工作之次承包商（可能會有好幾層）以及供應設備及材料之供應商，所以，如果能在投標階段就針對著承包商將來履約的工作夥伴以及主要的次承包商和供應商加於選擇及要求，並在契約中針對相關之權利義務詳予要求及規範〔如本文後續所提工程契約中加入管理第二層以下承包商及供應商之條款（Prescribed terms），並確實執行〕，相信必能組織一個良好的施工團隊對工程的進行必有助益。

二、統包（EPC）工程利用前端設計（FEED Front End Engineering Design）來選擇日後之EPC統包商

　　所謂前端設計就是一種基本設計，是在完成概念設計及可行性研究分析後的一個工作，其主要的目的是在正式開始EPC統包工作之前經由與業主的緊密溝通對工程做一些詳細的研究來確認相關技術的問題以及預估可能花費的預算成本，確實瞭解並將業主對工程的需求反映在設計中，並避免日後不必要的工程變更及時程的延宕。此前端設計的工作大

部分會用在大型的統包工程，通常業主單位會將此前端設計的工作發包給將來可能會參與後續統包工作的承包商來執行。透過前端設計的工作，業主也會派員和做前端設計的統包商一起工作，在這個過程當中業主單位非但可以瞭解統包商的能力也可以充分瞭解到將來統包工程設計以及施工可能所發生的問題以及可能花費的預算成本。一般而言，業主單位會將前端設計工作同時發包給一兩家的統包商來做以利競爭及比較，並支付部分的費用，而對於承辦前端設計的統包商而言，可以就此機會來表現他的能力，以取得承辦日後統包工程的機會。當然如果從事前端設計工作的承包商未能取得日後之統包工作，則其必須負擔部分的設計成本，則這部分的成本也是承包商的一個必要業務成本。在國內類似的做法，目前似僅有在投標階段比圖的方式，但業主並不會花時間和未來的承包商一起作業，因此是否能真正評估出承包商的履約能力值得觀察，而國際上此種做法值得參考借鏡。

三、利用ECA（Export Credit Agency）之方式，取得　融資保證優惠，減少成本

　　ECA是提供出口信用保險和擔保的機構，可以是私人企業或者是以政府為背景的組織，例如荷蘭和德國政府分別是以Atradius與Hermes推動本國出口貿易，保障銀行（提供融資）和出口商（出貨）的安全。

ECA的服務大致包括：

1. 透過不同方式，直接或間接地提供融資（與一般商業銀行無異，但絕大多數有受政策性規定的附帶條件）：

   (1)直接融資給進口商（國）。

   (2)融資給商業銀行，商業銀行轉手融資給進口商（國）。

   (3)商業銀行提供優惠利率給進口商（國）並由ECA獲得該優惠利率與正常利率之間差異的補貼。

2. 為出口商及融資銀行提供信用保險和擔保業務，針對商業風險（如買方因破產而無力清償貸款、買方拖欠貨款、買方因自身原因而拒絕收貨及付款）及政治風險（如進口國禁止或限制匯兌、實施進口管制、撤銷進口許可證、發生戰爭等賣方、買方均無法控制的情況，導致買方無法支付貨款或清償貸款）等。

在競爭激烈之國際工程市場上面，如果工程廠商能夠獲得本國出口信用保險去擔保ECA機構提供優惠的貸款利率給業主單位，相信必能增強得標的機會。我國的ECA機構即為中國輸出入銀行其雖有辦理相關出口融資及擔保的業務，但囿於規模能夠提供擔保的額度有限，對大型的國際工程之爭取助益有限，希望政府在推動協助國內廠商對外拓展商務及或南向政策時，能夠考慮此實際的問題以協助本國廠

商走上國際工程的舞台。

四、工程契約模式型態之拆分，以節省稅捐

　　由於大型EPC工程契約主要包括了「設計」、「採購」及「建造」三大部分，而此三大部分之工作，在具有國際之因素下，亦未必全然會在工地所在地之國家內履行，而更因國際EPC工程之金額均十分龐大，因此如何節省工程所在地國家的稅金，進而節省工程之成本，亦為十分重要之考量。一個國際廠商如果到另一個國家做工程，則其在該國之工程收入自應依該國法律課稅，而如果業主只是以國際貿易買賣之方式向一個外國廠商購買設備、材料，則該外國廠商因未在該國內進行商業行為，自不必繳納該國當地之稅捐，根據此一邏輯或慣例，為了稅務考量，節省成本亦對業主有利，因可減少業主之支出，故在實務上，業主和投標廠商會安排由一家施工廠商，一家供應廠商與業主分別簽訂On-Shore Contract（境內合約）及Off-Shore Contract（境外合約）兩個合約之方式來達到統包之目的，易言之，施工廠商（Contractor）在境內與業主簽訂「設計＋施工」之境內合約，而供應廠商（Supplier）則在境外與業主簽訂「設計＋採購（設備、材料）」之境外合約，則境外合約之金額則可免除工程所在地國家之稅捐。惟應注意者，在某些國家，在境外之設計服務工作之報酬屬於「權利金」之性

質，亦必須繳納該國之稅金（withholding tax），故實務上做法，往往會將設計之費用放入採購之項目中，以達到節稅之目的；而由於前述節稅之目的，必須有兩家廠商（一家施工廠商，一家供應廠商）分別與業主簽約，而業主為使該兩家廠商能共同及連帶地為該EPC工程負責，則在實務上往往會由業主與該施工廠商及供應商另行訂一份Coordination Agreement或Bridging Agreement，以便將施工廠商及供應商之履約責任綁在一起。而在實務上，該施工廠商及供應廠商亦會成立Joint Venture或Consortium之方式來執行整個EPC工程，惟需注意者，在某些國家（例如泰國）成立Joint Venture（共同施工）此一性質之聯合承攬體，往往該聯合承攬體在稅務上會被視之為一個非法人組織之單一團體（Unincorporate single entity），則不論境內或境外之收入報酬均將全部依該國稅法課稅，值得注意。至於在統包商本身之角度，究應與合作廠商成立性質屬Joint Venture（共同施工）或Consortium（分開施工）之聯合承攬體，自應由統包廠商自行審慎斟酌之。

目前國內大型統包工程似尚少採用分別簽訂On-Shore Contract（境內合約）及Off-Shore Contract（境外合約）兩個合約之方式，而在民間的大型工程中將物料採購部分從承攬契約中拆分出來另定買賣契約來節省印花稅卻是常見的做法。

五、工程契約中加入專案管理之要求，以提升專案管理之效率及能力

　　許多律師及合約管理人員在撰擬工程契約之條款時，往往多注重於權利義務之規定，例如違約之責任、逾期罰款等，但往往並未將專案工程管理之要求寫進去，舉例而言，僅要求包商提供進度表，但卻未規定進度表應包含之內容及詳細之人、機、料使用分析資料，造成在展延工期重新調整進度時之爭議；許多變更設計之條款亦未清楚地把工程變更之程序清楚列出來，造成變更作業時之困擾，以及如何事先加入預防承包商違約之管理機制等均爲適例。事實上，把許多工程專案管理之做法及程序詳細規定在工程契約中，非但有助於契約執行之效率更可考驗出承包商履約管理之能力。以2017年底新修正之FIDIC工程契約範本之第8.3條及第8.4條中就對承包商如何提出進度表（Programme）有著詳細之規範，根據其規定，如果沒有相當時程管理知識及管理能力之廠商是無法符合其規範之要求，如此規定將有助於提升廠商之能力，並藉以排除無能力之廠商。

　　另外，新版FIDIC條款針對Management meeting: Effective Communication (Clause 3.8)、Progress Report (Clause 4.20)、The Change Procedure (Clause 13)、The Payment procedure (Clause 14)、Quality Management and Compliance Verification (Clause 4.9)等專案管理的要求均

有規定，也是將專案工程管理之觀念及機制納入契約的做法，值得參考。

六、工程契約中加入管理第二層以下承包商及供應商之條款（Prescribed terms），並確實執行

在國內除了有規模或較大型之營造廠商會長期僱用一定人數之工程專業人員或勞工外，事實上，以筆者之觀察，國內有相當數量之營造廠商往往是取得工程之承攬工作後才僱用專業工程人員或尋找勞工，甚或將承攬之工作以分包或轉包的方式將工作轉由次承包商來履行；當然也有可能是因工作專業性之關係，必須將一些專業的工作交由專業之次承包商來處理。故而，對業主而言，實際在施工現場從事施工者，並非得標之主承包商之人員，而事實上，應是主承包商之下包，即為一般所稱之次承包商。

然而，觀諸國內現行工程此行業之實際做法，除未落實分包須報備同意的機制外，亦似鮮有在主承攬契約中，業主會針對次承包商之權利義務有所詳細之規範，亦鮮見國內業主會在主承攬契約中要求主承包商與次承包商簽署之次承攬契約中加入所謂之「次承包商指定條款」（Prescribe subcontract term），以確保業主能直接對次承包商直接行使指揮監督及確保直接對次承包商行使相關之權利，包括保固、瑕疵擔保、使用材料、設備等（有關此部分請詳見筆者

刊登於《營造天下》，第173期，〈從業主之角度談對次承包商的契約管理〉一文）。

七、採用Novation之機制達到減少介面風險

在許多國際大型EPC統包工程及設計加施工（Design-build）之契約中，業主單位為確保統包商能夠確實購買到其想使用之設備或單元系統，業主往往會自行下單採購一些重要或長交期之設備或系統單位設備，但如果將來將採購之設備或某系統單位之設備交由統包廠商安裝施工時，又往往容易產生設備及施工或系統無法整合之介面，容易產生責任不易區分及或爭議之情形，因此國際上許多業主單位會在招標時，即規定得標之廠商在簽訂EPC統包契約或施工契約時，要以Novation[1]之方式來承受業主和供應商所簽訂之採購契約，換言之，由業主、統包商及供應商三方簽訂一份Novation合約，明白約定原採購契約自始均將由統包商替

---

1 What is "Novation"? Substitution of a new contract, debt, or obligation for an existing one, between the same or different parties.

　1. A novation discharges one of the original parties to a contract and substitutes a new party by agreement of all three parties. A new contract is created with the same terms as the original one but only the parties are changed.

　2. Novation is a mechanism whereby one party can transfer all its obligations under a contract and all its benefits arising from that contract to a third party. The third party effectively replaces the original party as a party to the contract. When a contract is novated the other contracting party must be left in the same position as he was in prior to the novation being made. A novation requires the agreement of all three parties involved.

代業主當事人之地位，並由統包商以統包商角色依據統包契約來對業主負全責，所有介面之問題應由統包商承擔；當然業主必須將採購價金及約定之一定比例的管理費支付給統包商。此種方式對業主而言，是一個減少介面風險的做法，但對統包商而言，卻必須承擔原採購契約不利的條款而增加其原有統包商責任，因此，在此等Novation之要求條件下，統包商一定要詳細研究原採購契約和統包契約中相關權利義務及責任之不同，而將可能產生之風險及成本預先予以管控，方為上策。

　　他山之石可以攻錯，希望以上一些國際工程的做法可以供國內工程業界參考重視！

附錄四　從業主之角度談對次承包商的契約管理

一、前言

　　由於國內對營造業成立及存續之資格條件並不嚴格，依營造業法之規定，營造廠商只要有一定金額之資本額及僱用一位具有技師或建築師證書的專業人員或僱用一位以上具有二年以上土木建築工程經驗之專任工程人員即可成立，法令上並未規定營造業必須經常性僱用多少工程專業人員做為其存續之條件。

　　因此除了有規模或較大型之營造廠商會長期僱用一定人數之工程專業人員或勞工外，事實上，以筆者之觀察，國內有相當數量之營造廠商往往是取得工程之承攬工作後才僱用專業工程人員或尋找勞工，甚或將承攬之工作以分包或轉包的方式將工作轉由次承包商來履行；當然也有可能是因工作專業性之關係，必須將一些專業的工作交由專業之次承包商來處理。故而，對業主而言，實際在施工現場從事施工者，並非得標之主承包商之人員，而事實上，應是主承包商之下包，亦為本文所稱之次承包商。

　　然而，觀諸現行工程此行業之實際做法，似鮮有在主承攬契約中，業主會針對次承包商之權利義務有所詳細之規範，亦鮮見國內業主會在主承攬契約中要求主承包商與次承

包商簽署之次承攬契約中加入所謂之「次承包商指定條款」
（Prescribe subcontract term），以確保業主能直接對次承
包商直接行使指揮監督及確保直接對次承包商行使相關之權
利，包括保固、瑕疵擔保、使用材料、設備等。

　　有鑑於此，筆者願就參與國際工程契約之經驗及觀
察，提供一些建議及看法供業主單位在招標、選商及契約管
理等方面之參考。

二、遴選主承包商之同時遴選次承包商

　　在國際之大工程招標程序中，通常對投標廠商之資格
均有十分嚴格之遴選標準及程序，除了有資格預審（Pre-
Qualification）之程序外，還有嚴謹之評估投標廠商（Ap-
praising tender）之作業程序。[1]而許多業主亦會在招標文件
中詳細規定次承包商或供應商之資格或相關之條件及限制，
例如規定有多少百分比之工作或設備採購必須給予工程所在
國之當地廠商來承辦或供應，甚或有指定分包商或供應商之
名單等。其目的均係要確保實際參與施工的次承包商或供應
商能夠符合契約及工程所要求之水準及等級，以確保工程能
順利完成。

　　而一般而言，招標文件均會約定所有之次承包商及供應
商之選用均需經由業主之事前書面同意始可，故於此時投標

1　王伯儉著，《專案工程契約管理》，五南圖書，2015年9月，頁52-53。

商宜就業主如何審核次承包商及供應商之標準或條件先向業主提出澄清，以避免日後產生爭議。如果在投標階段，業主能夠針對未來實際負責施工之次承包商之遴選資格及條件做出明確之規定並做好事先遴選之程序及工作，相信對日後工程之履約必有幫助。而有時更要建議業主單位嚴格規範次承包商之層級，亦即要求次承包商不可再將其工作予以分包，避免層層轉包，造成履約及管理的問題。

三、主承攬契約中「次承包商指定條款」（Prescribe subcontract term）之納入

目前國際上大規模的工程，以大型統包工程爲例，除一個統包商外，事實上參與的次承包商或供應商爲數甚多，業主爲確保所有之次承包商和供應商均能在一致的契約標準下履約並便於管理次承包商及供應商，許多業主會在主承攬契約中規定一些指定條款，並要求主承包商一定必須將這些指定之條款約定在次承攬契約或採購契約中，而該次承攬契約或採購契約亦必須向業主報備，當然報備時可將價格等商業敏感資格予以掩蓋，自不待言。

這些指定條款（Prescribe subcontract term）之重點有：

1.工作的標準（Standard of work）

(1) 次承包商應對業主及主承包商保證其所履行之工作及提供之設備與材料均能符合契約及業主之規範。

(2) 保證確實遵守適用之法律及工地規章及契約之時程。

(3) 保證促使其下一層級的包商亦遵守各項法規。

(4) 保證依善良管理人之適切注意義務履行工作並遵守各項規範標準（Code and Standard）。

(5) 保證盡力配合其他關聯廠商工作。

2.法令及業主行為規範之遵守（Laws, Permits, Owner's policies and Code of conduct）

次承包商應遵守，並確保其下一層級之下包商均遵守：

(1) 一切法令及許可。

(2) 當地之法令、習俗及慣例。

(3) 業主所頒訂之計畫、程序、規則及要求。

(4) 業主之相關行為守則，商業道德規範等。

3.設備及材料之瑕疵擔保責任（Equipment and Material / Warranties & Defects）

次承包商應對業主及主承包商保證，其所提供之設備材料：

(1) 為新品並符合所有規範。

(2) 所有之品質應與業主要求之品質相同。

(3) 適合工程所需之使用目的（fit for the purpose）。

(4) 並無任何瑕疵。

(5) 如有指定供應商，次承包商應確保應向指定供應商購買或取得相關之設備、材料及服務。

(6) 次承包商並應確保業主及主承包商之人員或代表能有權進入設備及材料製造、裝配、檢驗之場所，並保證業主及主承包商之人員能有權檢查、檢驗、丈量、測試所有設備及材料及其工藝水準。

(7) 如在保固期間，如業主或主承包商通知次承包商其所提供之設備及材料有任何瑕疵時，次承包商／主承包商即應立即修繕、重作或更換相關有瑕疵之部分。

(8) 次承包商並應將保固保證之文件送交給主承包商或業主，保固保證的文件應不違反契約之約定及規範要求。次承包商並應採取適當之法律行為使業主能夠成立保固保證之受益人。

4.業主直接行使之權利（Owner's Entitlement to Enforce Directly）

次承包商應：

(1) 確保業主及主承包商均得獨立對次承包商行使主張

次承包商在次承包契約中之保證及義務。

(2) 業主或主承包商對次承包商的棄權作爲／不作爲均不影響其他得對次承包商主張之權利。

(3) 同意依業主之請求，另行與業主簽署使業主得直接向次承包商主張保證／保固責任之書面文件。

（筆者認爲此類文件能夠事先草擬準備並作爲招標及契約文件，更爲洽當）。

5.設備及材料之所有權歸屬（Title of Equipment and Material）

(1) 次承包商應於主承包商或業主支付款項後，將所有由次承包商爲本工程所提供至工地之設備及材料之所有權移轉給主承包商或業主，並保證該等設備及材料上並無任何得由第三人主張權利之負擔或瑕疵。

(2) 次承包商並應採取合理之程序並排除一切法律障礙，使上開設備及材料之所有權能夠移轉給業主。

6.次承包商之人員（Personnel）

(1) 次承包商應派遣足夠、合格有經驗並接受過勞工安全訓練之員工至工地服務，同時並確保其下層包商之員工亦具有相同之資格及條件。

(2) 次承包商應依照適用之法律，取得僱用勞工之許可並依法備置勞工名冊及工作紀錄。而所有之勞動條件均應符合相關法令之規定。

(3) 如主承包商或業主認為任何勞工不適任、不誠實或不遵守相關規定時，一經通知，次承包商即應立即將其遣離或更換。

(4) 次承包商應遵守相關反毒品及藥物之規定並應促使其所有勞工均依法接受相關毒品藥物之檢驗，如發現任何勞工有違反相關毒品藥物管制規定即應將該勞工立即解僱。

7.會議出席（Attendance）

次承包商於接獲業主之通知後即應依業主通知參加相關會議討論與次承包商工作有關之事項。

8.關係的維持（Industrial relations）

次承包商應與政府相關機構、業主、主承包商及其他承商均維持良好之關係。

9.付款（Payment）

(1) 次承包商在向主承包商請款時，應出具下列證明：

①其已依法支付一切報酬給其僱用之勞工。

②其已支付所有已到期之款項給其下層承包商。

(2) 次承包商瞭解及同意，業主得在下列情形下直接付
　　款給次承包商：
　　①依照有效之法院判決或仲裁判斷。
　　②業主和主承包商同意由業主直接支付給次承包商
　　　之款項。

〔按目前在許多國家，例如新加坡和馬來西亞等，已有
明文立法禁止主承包商在契約約定所謂主承包商拿到業主之
工程款才支付給次承包商（Pay after paid）的條款。而規
定主承包商請款時要出示其已依法支付一切報酬給其僱用之
勞工及下層承包商主要是防止主承包商把工程款挪做他用，
影響工程之進行〕。

10.索賠（Claim）

在履行工程期間，如有下列情形，次承包商應立即以書
面通知業主／主承包商：

(1) 次承包商提出任何索賠。

(2) 次承包商之下層包商提出任何索賠。

(3) 任何有關本工程之糾紛產生。

次承包商並應提供與求償相關之詳細資料給業主。

11.稅捐（Tax）

次承包商應保證：

(1) 依法支付所有稅捐。

(2) 協助業主或主承包商取得稅捐之減免。

(3) 遵守業主或主承包商之指示或程序辦理相關設備及材料之進口及稅捐事宜。

12.次承包契約之轉讓（Assignment or Novation of Sub-contract）

次承包商無條件同意主承包商在完工或契約終止前得將次承包契約轉讓給業主或業主所指定之人。次承包商並同意簽署一切與轉讓有關及必要的文件。如業主未要求受讓次承包契約時，則次承包契約於主承包契約終止時亦視同被終止。

（按有此條款，業主得在主承包商違約而被終止契約時，直接洽次承包商將工程無縫接軌繼續完成。惟在國內如屬公共工程，則屬機關之業主恐受限於政府採購法而是否可直接洽次承包商訂約，值得探討）。

13.終止契約（Termination of Sub-contract）

次承包契約終止時，次承包商應：

(1) 交付所有由次承包商所製作與本工程有關之圖說、文件、資料給主承包商或業主。

(2) 將所有由業主或主承包商所要求之設備及材料（不論係其自己擁有或租用者）交付給業主或主承包

商。

(3)提供一切必要之協助使主承包商或業主接收已完成
之工作。

14.智慧財產權（Intellectual property Rights）

(1)所有由次承包商為本工程所製作及提供之圖說、文
件等資料之智慧財產權均歸屬於業主所有。

(2)如本屬於次承包商之智慧財產權的資訊，則次承包
商應無償授權供業主為本工程使用。

(3)次承包商應保證其所提供之資訊並未侵害第三人之
智慧財產權。

15.保險（Insurance）

此處依個案性質，規範次承包商應自行購買之保險，例
如：

(1)勞工意外責任險（Workermen's Compensation and
employer's liability Insurance）。

(2)車輛運輸責任險（Motor Vehicle liability Insur-
ance）。

(3)一般責任險（Comprehensive general liability In-
surance）。

(4)設備損失險（All Risk physical damage Insurance）。

　　(5) 貨物運輸險（All Risks Cargo Insurance）等。

　　次承包商應依契約規定購買保險，並將保險單送請業主或主承包商核備。

16.稽核權利（Audit right）

　　次承包商應將履行契約之相關文件妥善保存，並同意業主隨時派員稽查及檢視。

17.保密責任（Confidential）

　　次承包商應對本工程一切「保密資訊」予以保密，未經業主事前書面同意不得將「保密資訊」透露給任何第三人。

　　次承包商並應做好一切保密之措施，以確保「保密資訊」僅供履行本工程所必要之人員知悉。

　　次承包商應依業主或主承包商之要求，與第三人簽署保密協議以確保「保密資訊」不致外洩。

18.保密義務之免除（Waiver of Confidential obligation）

　　次承包商不得以其與主承包商之間有保密協議為由，拒絕提供與次承包商工作有關之資訊給業主。

　　雖然這些次承包商指定條款係約定在主承包商與次承包商之間的契約中，而業主並非當事人，惟基於法律「利他契約」（Third Party Beneficial Contract）之原則，業主自可

依次承包商指定條款行使權利，自不待言。

四、做好次承包商報備審查之工作

除了在主承包商之契約中加入所謂的「次承包商指定條款」（Prescribe Subcontract term）外，更重要的是，業主單位應確實做好次承包商之報備審查工作，以確保次承包商的資格符合要求及次承包契約確實有納入上述之指定條款，以便於管理。否則業主連是何人在工地上施工均不清楚，如何做好工程管理及確保相關當事人之權益，自有問題。

事實上，如果做好次承包商之報備審查及管理之工作，對業主、主承包商及次承包商均有好處，依營造業第25條：「綜合營造業承攬之營繕工程或專業工程項目，除與定作人約定需自行施工者外，得交由專業營造業承攬，其轉交工程之施工責任，由原承攬之綜合營造業負責，受轉交之專業營造業並就轉交部分，負連帶責任。

轉交工程之契約報備於定作人且受轉交之專業營造業已申請記載於工程承攬手冊，並經綜合營造業就轉交部分設定權利質權予受轉交專業營造業者，民法第五百十三條之抵押權及第八百十六條因添附而生之請求權，及於綜合營造業對於定作人之價金或報酬請求權。專業營造業除依第一項規定承攬受轉交之工程外，得依其登記之專業工程項目，向定作人承攬專業工程及該工程之必要相關營繕工程。」再依政

府採購法第67條：「得標廠商得將採購分包予其他廠商。稱分包者，謂非轉包而將契約之部分由其他廠商代為履行。分包契約報備於採購機關，並經得標廠商就分包部分設定權利質權予分包廠商者，民法第五百十三條之抵押權及第八百十六條因添附而生之請求權，及於得標廠商對於機關之價金或報酬請求權。前項情形，分包廠商就其分包部分，與得標廠商連帶負瑕疵擔保責任。」等規定可知。

　　將分包契約（本文所稱次承包契約）向業主報備，依上開營造業法業主可就轉交分包之工程要求主承包商和次承包商對施工責任負連帶責任，而依政府採購法，業主亦可就分包部分，要求分包商／次承包商與主承包商連帶負瑕疵擔保責任；此與上開所述指定條款中要求次承包商直接對業主負瑕疵擔保責任有異曲同工之效果。

　　而對次承包商而言，其次承包工作經向業主報備後，次承包商可要求主承包商對業主的報酬請求權設定權利質權給次承包商，如此，於主承包商違約或財務不佳時，次承包商之報酬請求權可獲得優先受償之機會與權利，而不至於要和其他債權人共同以普通債權人之身分主張權利。

　　如果次承包／分包工程經報備後，業主即可將其納入正規之專案管理體系，要求主承包商及次承包商，甚或再下層之承包商共同遵守相關之專案管理程序，共同做好工作。更可由此分包／次承包商之作業評估主承包商及次承包商之施

工及管理能力，作爲日後招標選商之參考。

五、做好主承包商契約退場機制之設計

在主承包商違約時，以筆者經驗，常發生對次承包商權益影響重大的情形，有次承包商自行提供之臨時設施（如鋼板樁等）、工具、機具設備因主承包商已遭業主自工地逐離，因次承包／分包契約未經報備，所有由次承包商送進施工場所之物品均無法證明是否屬次承包商所有，必須經由冗長之法律程序才能歸還，如此時又有其他債權人來進行假扣押等程序，更使情況越加複雜，不但影響工程之進行，更對相關當事人之權益造成嚴重的影響。

在實務上，常有主承包商違約時，造成許多次承包商運至工地之工具、設備、器材等遭業主依契約予以留置，而因爲次承包商未向業主報備，而業主亦未針對次承包商所運至工地之工具、設備、器材等予以列冊管理，因一般契約中，常有業主終止主承包商之契約時，可留置或使用一切以主承包商名義運至工地之工具、設備、器材之規定，因欠缺管理之機制，使得次承包商無法主張權利或必須透過司法程序才能拿回本屬於其之財物，耗時費力，造成許多成本及不便。

因此，如果業主和主承包商之間及主承包商和次承包商之間的契約中能夠設計相關聯之條款，把三方之權利義務及相關退場的種種機制完整建立，例如設計終止契約時的過渡

條款，將終止時的配合工作，包括：到工地物品之歸屬及利用、文件的提送、工作的結算、不採取干擾，以及上述確保次承包商配合的「次承包商指定條款」（Prescribe subcontract term）等，並輔以簽約後報備及管理之做法，相信必能把爭議減低，避免冗長之司法程序並確保相關當事人之權益。

　　總而言之，如果在契約執行當中發生了契約當事人嚴重違約之情形，或發生了所謂市場，政治，經濟環境之「情事變更」情事致使契約無法繼續履行下去時，則契約要如何處理？當事人如何退場？平日要做好哪些管理的工作？此類問題，建議在業主機構設計契約及在做專案管理工作時，就必須要事先考慮並確實執行之。[2]

六、結論

　　一個專案工程之完成，其相關利害關係人眾多，專案工程之完成仍有賴全體有關之利害關係人及團隊，群策群力，始能克竟全功，順利完成。故業主單位千萬不能只管理主承包商而應將所有專案工程之利害關係人及團隊，以及所有事項均納入管理，才能有效並有系統地做好專案管理的工作並順利完成工程。

2　王伯儉著，《專案工程契約管理》，五南圖書，2015年9月，頁36-38。

名詞索引

中文

英文

家圖書館出版品預行編目資料

專案工契約管理／王伯儉著. --二版. --臺北
市：五南圖書出版股份有限公司, 2020.03
　面；　公分
ISBN 978-957-763-900-4（平裝）

1.契約　2.建築工程

41.524　　　　　　　　　109002018

1RA4

專案工程契約管理

作　　　者 — 王伯儉（6.4）

發 行 人 — 楊榮川

總 經 理 — 楊士清

總 編 輯 — 楊秀麗

副總編輯 — 劉靜芬

責任編輯 — 林佳瑩、呂伊真、李孝怡

封面設計 — 王麗娟

出 版 者 — 五南圖書出版股份有限公司

地　　　址：106台北市大安區和平東路二段339號4樓

電　　　話：(02)2705-5066　　傳　　真：(02)2706-6100

網　　　址：https://www.wunan.com.tw

電子郵件：wunan@wunan.com.tw

劃撥帳號：01068953

戶　　　名：五南圖書出版股份有限公司

法律顧問　林勝安律師

出版日期　2015年 9 月初版一刷
　　　　　　2015年10月初版二刷
　　　　　　2020年 3 月二版一刷
　　　　　　2023年 3 月二版二刷

定　　　價　新臺幣420元

經典永恆・名著常在

五十週年的獻禮——經典名著文庫

五南，五十年了，半個世紀，人生旅程的一大半，走過來了。

思索著，邁向百年的未來歷程，能為知識界、文化學術界作些什麼？

在速食文化的生態下，有什麼值得讓人雋永品味的？

歷代經典・當今名著，經過時間的洗禮，千錘百鍊，流傳至今，光芒耀人；

不僅使我們能領悟前人的智慧，同時也增深加廣我們思考的深度與視野。

我們決心投入巨資，有計畫的系統梳選，成立「經典名著文庫」，

希望收入古今中外思想性的、充滿睿智與獨見的經典、名著。

這是一項理想性的、永續性的巨大出版工程。

不在意讀者的眾寡，只考慮它的學術價值，力求完整展現先哲思想的軌跡；

為知識界開啟一片智慧之窗，營造一座百花綻放的世界文明公園，

任君遨遊、取菁吸蜜、嘉惠學子！